最美的昆虫科学馆

小昆虫大世界

歌唱家与杀手
——蟋蟀、蝗虫、蝎子

〔法〕法布尔／原著　胡延东／编译

天津出版传媒集团

天津科技翻译出版有限公司

前 言

《昆虫记》是法国杰出昆虫学家、文学家法布尔的经典之作，它详细记载了多种昆虫的本能、习性、劳动、婚姻、繁衍、死亡、丧葬等习俗，堪称一部了解昆虫的百科全书。

然而《昆虫记》的意义又不仅于此，全书从人文关怀的视角出发，通过对昆虫习性的描写，展现了各种昆虫的个性特点，以及它们为了生存而做的不懈努力，体现了作者对昆虫的尊敬，对生命的关爱。

由于《昆虫记》是作者以“哲学家一般的思，美术家一般的看，文学家一般的感受与抒写”编著而成的史诗，也是尊重生命、讴歌生命的典范，所以它问世这一百多年来，便一版再版，先后被翻译成五十多种文字，一次又一次在读者中引起轰动。它的作者法布尔，也因对科学和文学方面的双重贡献，被誉为“科学诗人”“昆虫世界的荷马”“昆虫世界的维吉尔”。

作为中国中小学生的必读课外读物，《昆虫记》因其知识性和趣味性而备受关注，但它毕竟是一部科普巨著，这对课业繁重、理解能力有限的中小学生来说，是一项很大的“阅读工程”。所以本系列丛书就根据原版《昆虫记》所提供的有关昆虫生活习性的资料，以简单通俗的语言将每种昆虫的特点简要呈现出来，省去原书中专业化的术语及大量反复的实验论证过程，保留原书的叙事特色，让孩子在轻松愉快的阅读氛围中体验到昆虫王国的奇特。

本套《昆虫记》共分十册，其中《歌唱家与杀手——蟋蟀、蝗虫、蝎子》着重讲述了蝉、负葬甲、蝈蝈儿、蟋蟀、蝗虫、步甲、蝎子等昆虫的生活习性。它们有的是歌声嘹亮的“歌唱家”，有的是“掘墓人”，有的是狡猾的“装死者”，读者在阅读中可了解“蝈蝈儿为什么要唱歌”“蝈蝈儿与蟋蟀、蝗虫有什么区别”等经典问题，让人大开眼界。

目录

蝉——享受人生的歌唱家

被诋毁的歌唱家（一）

在昆虫王国里，提到蝉，可以说无人不知，无人不晓，它的名声之响亮，恐怕连刚会说话的孩子都知道——这是一个为了唱歌宁愿不要命的家伙，这是一个只懂得唱歌的乞丐！

蝉能在昆虫界享有如此高的声誉，还多亏了寓言家拉·封登，他曾告诉我们这样一则寓言：

蝉除了唱歌，整个夏天什么事情也不做，看起来很会享受生活。而它的邻居蚂蚁，却是一个勤劳踏实的居民，终日为了储藏食物而忙碌，根本无暇顾及唱歌跳舞。到了冬天，没有储存一点粮食的蝉，因为饥饿的关系，可怜巴巴地来到邻居面前，想从蚂蚁这里借一些粮食充饥。

蚂蚁问蝉："为什么你不在夏天的时候储存一些粮食呢？"

蝉不好意思地回答说："我一个夏天都在忙着唱歌，没时间呀！"

蚂蚁就不屑地对蝉说："既然你夏天都在唱歌，那么现在你就去跳舞吧！"

说完，就径直关上了房门，将那借粮的乞丐丢在门外，任它去沮丧了。

蝉生活在橄榄树聚集的地区，很多人都没亲眼见过它，没亲耳听过它的歌声，但它尴尬借粮的寓言故事，由于大人讲给孩子，孩子又讲给他们的孩子而流行开来，现在几乎所有人都知道了。蝉这个只懂得唱歌的乞丐，就这样成了家喻户晓的明星。

可是我要对拉·封登说，你错了，而且错得离谱！歌唱家根本不喜欢吃麦粒，也不喜欢蚂蚁储存的苍蝇或蚯蚓罐头。况且，冬天根本就没有蝉的踪影，它根本不可能在寒风瑟瑟的冬天去借粮。这个寓言故事，根本就是在败坏蝉的声誉！

寓言故事的主角，应该是蝈蝈儿，而不是蝉。拉·封登根本就没有见过蝉，他之所以用蝉做主角，完全借鉴了古希腊寓言家伊索的说法。而古希腊是一个盛产橄榄的国家，这里会唱歌的蝉一定不少。很明显，故事里的乞丐，并不是蝉，很可能是其他动物，或者正如人们想象的那样，是一只昆虫。至于是什么昆虫，希腊人并不知道，当故事流传到希腊地区时，人们就将本地区最常见的一种昆虫——蝉，强行安到这个故事中去，蝉就顶替了另一种昆虫的恶名，成了讨饭的乞丐。故事在整个欧洲地区不断流传，一直到今天，蝉依然背负着原本不属于自己的恶名。

被诋毁的歌唱家（二）

要想恢复蝉的声誉，必须仔细观察它的生活，了解它的习性。我已经根据季节的不合理性来为蝉恢复了声誉，我还有更有利的证据证明，蝉不但不会向蚂蚁借粮，还宽厚地为蚂蚁提供粮食呢！

七月的下午，天热得令人窒息，其他昆虫都热得头昏乏力，想找口水提提神，但也只能在干枯的花朵上瞎转悠一番，找不到一滴饮料。蝉却不会为水荒所苦恼，它有一个像小钻头一样的喙，可以让它毫不费力地刺透坚硬的树皮，钻出一口井，然后它再将自己的吸管插入井中，这样就可以畅饮那汁液饱满的树皮了。多么清凉可口的饮料啊！幸福感溢满全身，蝉情不自禁地唱起歌来。一边唱歌，一边喝水，谁有它活得潇洒自在？

幸福是短暂的，总有些不安分的家伙过来捣乱。这不，蝉才刚刚开凿了一口井，一群口干舌燥的强盗就来抢夺饮料了。这伙强盗的名字分别是胡蜂、苍蝇、泥蜂、蛛蜂、花金龟、蚂蚁。刚开始的时候，它们还不好意思公然抢夺蝉的井，只是小心翼翼地舔舔渗出来的汁液，不过一喝就上瘾了，后来竟然公然在别人的井上喝起水来。为了接近水源，有的强盗钻到蝉的肚子下面，想趁机溜到井边，宽厚的蝉，不但不生气，反而抬起脚，让它们进去得容易一些。有的强盗则跺着脚，飞快地吸一口，然后马上离开，逃到旁边的树枝上，观察蝉无动于衷之后，又返回来继续抢夺饮料。去而复返的强盗胆子更大了，不但闹哄哄地要抢夺井水喝，还想将挖井人给赶走呢！

最猖狂的强盗就是蚂蚁，它们的宗旨是：不抢到井绝不罢休！它们悄悄爬到蝉的身边，啃咬它的足尖，拉扯它的翅尖，或者爬到蝉的背上，拽蝉的触角。一只大胆的蚂蚁甚至直接抓住蝉的吸管，想要把它拔出来。蝉被这帮蚂蚁弄得心烦意乱，只好主动放弃自己辛辛苦苦挖的水井，朝这帮可恶的蚂

蚁撒了一泡尿，然后离开了。

蚂蚁们才不管蝉怎样蔑视自己呢，反正现在已经占有了别人的水井。虽然蝉逃走时将吸管也带走了，井水也因此变少了，但这并不影响这伙强盗的心情，大家依然趴到井口边贪婪地喝水。井水一会儿就喝完了，不过没关系，它们还可以用同样的方法抢到另一口井，它们对这种事向来很拿手。

这就是事实的真相，蚂蚁和蝉确实是有一些关系的，不过劳动者成了蝉，它不但没去乞讨粮食，反而宽厚地让蚂蚁分享自己的劳动果实。而那个被誉为勤恳劳动者的蚂蚁，则是一个肆无忌惮抢劫别人劳动果实的强盗。

蝉的赞美诗

古希腊人对蝉的评价很高，以歌唱爱情和美酒为主题的诗人阿纳克里翁竟然为蝉作了一首赞美诗，说它“像诸神一样”，赋予它很多高贵的特征，如生于卑贱的泥土，不知疼痛为何物，有肉但无血等等。虽然他这些说法是错误的，但却值得原谅。博物学家雷沃米尔对蝉的生活习性进行了严谨的观察，也为蝉作了一首赞美诗，其中对蝉和蚂蚁的关系进行了一番细致的阐述，我认为非常准确，便征得他的同意，拿到这里来供大家欣赏：

蝉和蚂蚁（一）

热呀！热呀！

蝉却乐得发狂。

那似火的骄阳下，

是等待收获的麦浪。

黄金般的稻田里，

收割者弯腰弓背舞出劳动者的高昂，

但快乐的歌声，

却被干渴掐死在咽喉里。

收获的时节，

真是你的好时光，

你勇敢地拨响自己的响板，

扭起鼓鼓的肚皮。

收割者挥舞着锋利的镰刀，

不停地翻转、切割，

一道道金光，

划破金黄的麦浪。

人在烈日下不停地喘气，

骨髓都好像被骄阳煮沸。

蝉啊，你有绝妙的解渴办法，

尖尖的嘴戳进树皮，

井中便一汪清凉。

鲜嫩的糖汁喷涌而出，

甜蜜的井水汩汩流淌，

凑近井边大口啜饮那清凉的

泉水和劳动的甘美。

生活充满了坎坷，

强盗不请自来。

它们目不转睛地看着你挖井，

却不过来帮一点点小忙。

看到你在享用泉水，

才想起自己也是口干舌燥。

哦！不！

它们已跑来了！

当心啊！

这些口渴难耐的强盗，

都是些先礼后兵的无赖。

开始它们只求喝一口，
后来却举起利爪，
拨弄你的翅尖，
爬上你的脊背，
抓扯你的触角。

强盗的野蛮，
让你心烦意乱。
只好无奈地撒一泡尿，
然后仓皇地逃开。
远远看着这群无耻的强盗，
兀自浪笑着霸占你的水井，
贪婪地舔着原本属于你的蜜浆，
你悲伤地抹泪而去。

让我们看看，
这些强盗是谁？
苍蝇、胡蜂、金龟子和蚂蚁。
它们都是懒鬼、骗子、强盗。
似火的骄阳将它们赶到荫凉处，
它们却借此霸占你的水井。
最无耻的是蚂蚁，
它们一心要把你赶走。

看吧！

它们踩你的脚趾，

抓你的脸庞，

戳你的鼻子，

扯你的触角，

甚至肆无忌惮地把你的爪子当梯子，

爬上你的翅膀，在你的身上散步。

事实上这群只懂得抢你水井的强盗，

等你歌唱累了从树上掉下来的时候，

还会拼命地争抢你的尸体，

挖空你的胸部，

肢解你的身体，

分解成碎片之后，

运回自己的粮仓，

做成冬日的腊肉罐头。

真相是残酷的，传说更残酷，

因为它不但掩盖了真相，

误导了人的视听，

还污蔑了你的名声，

让作为挖井人的你，

白白背负着不劳而获的千古骂名，

殊不知你比蚂蚁伟大得多。

读了这蝉的赞美诗，我相信被诋毁的歌唱家现在已经彻底平反昭雪了。

“等候室”

近夏时分，第一批蝉出现了。结实的小路上出现了一个个指头大小的孔，蝉的若虫就在里面住着，将来它们会爬出地洞跑到植物上羽化成蝉。七月份的最后几天，我找来一把铲子，准备探察它们藏身的地洞。地面上只有一个黑漆漆的洞，四周没有任何从洞里挖出来的杂物。这与粪金龟的洞明显不同，它的洞外堆满了土。两个掘土工的作品之所以如此不同，是因为粪金龟是从地面上往下挖的，挖出来的土都被它运了出来，而蝉的若虫是

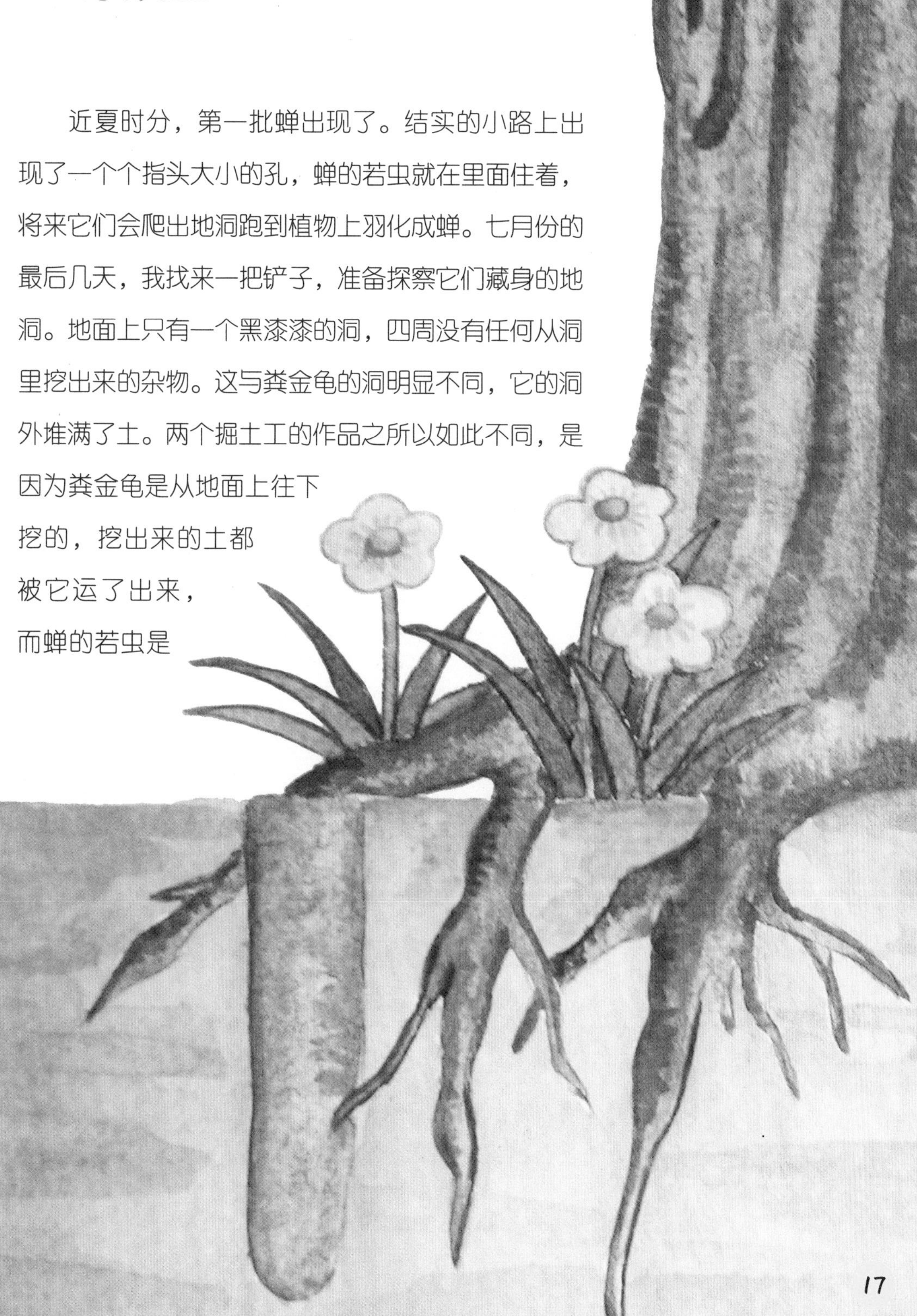

从地下往地面上挖的，洞口是最后打开的，不可能往外运土，地面上自然没有东西。

蝉的洞呈圆柱形，直径约2.5厘米，深约40厘米，根据圆柱体积计算公式，蝉的若虫应该从这里挖走了约200立方厘米的土，这些土去了哪里？在又热又干的土里挖洞，洞中应该有碎屑的，而且很容易引起塌方。结果我没有在洞中找到碎屑，却发现洞壁都被一层泥浆粉刷过了，摇摇欲坠的干沙土，因为这些混合剂的黏合，被粘起来了。这让我想起我们人类，在矿井作业时，用支柱和横梁支起矿井的四壁；在建造隧道时，建筑师们也会用砖头、石块来加固地道；若虫也知道这种加固方法，它在墙壁上涂了一层混凝土，可以避免塌方。

成熟的日子到了，蝉的若虫快要钻出地面去羽化了。它刚准备爬出洞口，去到附近的小树枝上，突然看到我在外面守候着，就又警觉地缩回去了。可见，这个地洞并非为了快点见到阳光而随便挖的通道，而是一个地下城堡，有掩护若虫的作用。如果只是一个快速通道的话，它也不必费尽心思在墙壁上粉刷。这个地洞就像一个等候室一样，若虫待在这里，如果发现外面有危险，就不出去，如果觉得条件合适，它才出去。

而且我还发现，这个地洞更像一个气象观察站。蝉的若虫若躲在很深的地底下，那里的气候变化很慢，不容易判断天气情况，它就没法弄清楚自己什么时候才能出来。如果待在这个等候室，通过薄薄一层土，它就很容易了解空气的温度和湿度，从而推测自己今天是否能爬出去。如果遇到刮风下雨的天气，若虫的蜕皮不容易发育完全，也就不能飞，不能安然度过整个夏天，所以它绝不会在这种天气爬出地面；如果天气好，它就果断地推开头顶

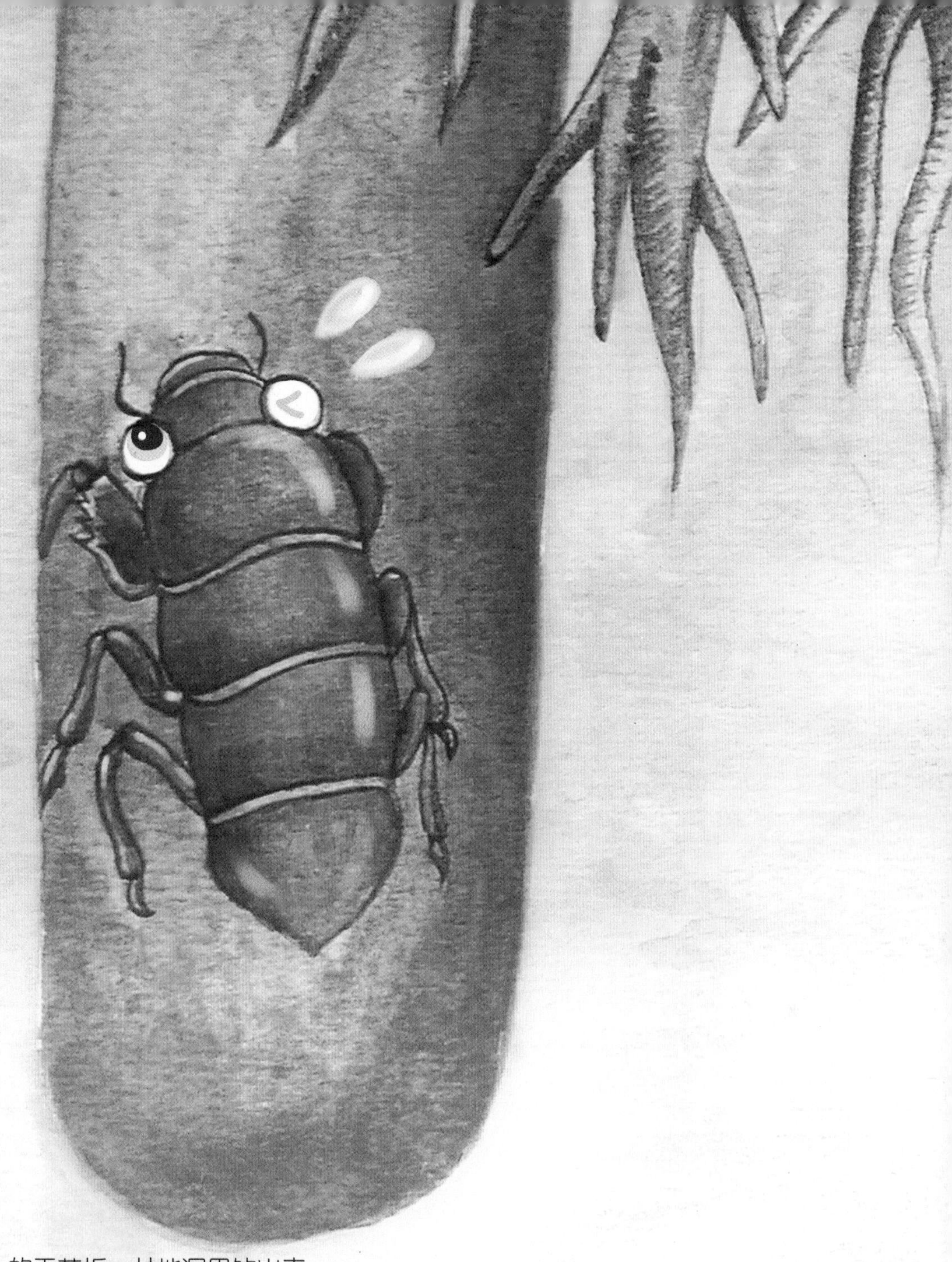

的天花板，从地洞里钻出来。

因此，这个地洞就是一个等候室加气象站，蝉的若虫就在这里等待羽化的有利时机，它时而爬到靠近地面的地方来了解外界气候，时而躲到洞的深处休息，并不时地在洞壁上涂抹泥浆以防塌方事件。这就是蝉出洞前的准备。

消失的土堆

关于这个等候室，有一个问题我一直想弄清楚：挖洞挖出的200立方厘米的土哪里去了？

蝉的若虫应该采用了与天牛类似的方法，一边钻洞，一边将多出来的土层堆积到身后，只是这些多余的土不是被吃掉的，但若虫应该采用了其他办法将一大堆土的体积缩小。

蝉要在地底下待四年，在挖等候室这样一个临时居所之前的漫长岁月，它一直生活在地底下，从一根树根流浪到另一根树根，不停地迁徙，不停地挖洞。为了给自己开辟出一条通道，它得处理掉多少多余的土啊！可是，它喜欢在又干又硬的土层挖通道，这些干得像炉灰一样的土块是多么难以压缩呀，怎么可能会空出来一个200立方厘米的大洞呢？

我想知道这个小东西究竟采取了什么法术把那一大堆土给变没了。仔细观察刚出洞的蝉的若虫，发现几乎所有刚出土的若虫身上都沾满了泥浆。前足是专门用来挖土的，上面沾满了一粒粒的淤泥，其他几

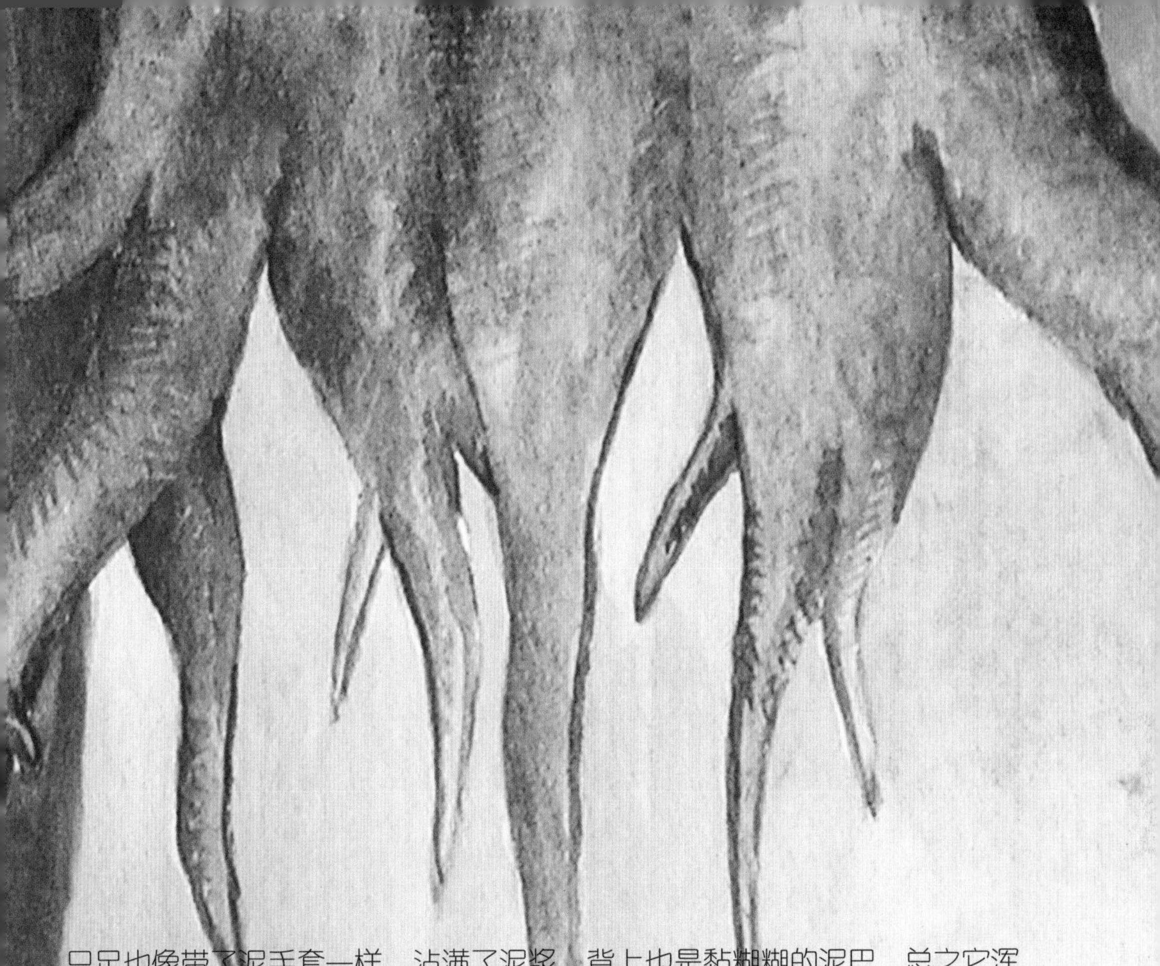

只足也像带了泥手套一样，沾满了泥浆，背上也是黏糊糊的泥巴，总之它浑身布满泥渍。一个从又干又硬的土层中钻出来的掘土工，怎么像从淤泥里钻出来的一样浑身泥糊糊的呢？这个结果太令人震惊了。

一只蝉的若虫正在挖地洞，刚好被我逮着。这只若虫离成熟还有一段时间，它浑身发白，体态硕大，身体里布满了液体，好像得了水肿病，身体比快成熟的若虫体积大得多。我逮它的时候，它的尾部还渗出来一些清澈的液体，将自己的全身都弄湿了。我暂时称这些液体为它的尿液。

所有问题的症结，就集中在这个尿液上。蝉的若虫向前挖洞的时候，先把尿浇在前面的土上，将土变成泥浆，然后用身体的压力将泥浆粘在墙壁上，黏土就紧贴在干燥的墙壁上，粉状的土被转化成为泥浆，土层因此比原来更紧密，一个洞穴的空隙就这样慢慢被空出来。于是在整个地底下，若虫总是一边往土层中撒尿，一边挖土，因此出现在大家面前时总是一身泥浆。

尿液

尿液对蝉的一生至关重要。蝉在树上歌唱的时候，如果察觉到危险逼近，也会向危险物喷射一泡尿，然后迅速飞走。蝉的尿液，来源于树皮中的汁液，蝉的若虫的尿液，也来源于树木。

我小心地挖开几个地洞，在地洞的墙壁上，我总是能找到一根生命力旺盛的树根。树根有的像笔管那么粗，有的像麦秸秆那么粗，无论哪种树根，露出地面的部分都只有几毫米长，地底下的长度却能维持一只若虫的生命。

我推测，蝉的若虫在最初开凿地洞的时候，总是寻找一个靠近根须的地方，使它为自己提供生命之泉。当它需要的时候，便吮吸树根里的水，水分在体内转化为尿液，然后它再用这些尿液使干燥粉末状的土变成泥浆，再用这些泥浆压紧后面粉末状的土层。挖下来的土之所以消失了，就是因为它们在尿液的作用下变成了泥浆，成为涂抹墙壁的“石灰”。

尿液的利用，既解决了土堆的存放问题，也避免了塌方事件，可谓一举两得。靠吸收树根水分制造尿液这件事，虽然我没有亲眼看到，但逻辑上应该如此，我可以用另一个事例间接证明这一点。

一只蝉的若虫在出地洞的时候被我抓住了，我把它放到玻璃管内，上面压了一段长达15厘米高的干土，这些干土是我放进去的，所以土层压得并不紧，它完全可以穿透。而且我用的土不算多，它刚刚钻破的地洞比玻璃管的三倍还深呢！因此，我为它准备的土层，比自然条件下要钻的土层容易得多，唯一不同的是少了提供汁液的树根。

结果，三天之后，我看到这个被埋在干土里的虫子活活累死了。它不是没有力气钻透15厘米的土层，而是缺少液体。

然后我又捉了一只若虫，与上只不同的是，它浑身肿胀，充满了液体，它的身体甚至都在往外渗液体，全身湿漉漉的。我将这个水袋饱满的若虫埋在刚才的玻璃管中。12天之后，它爬出了玻璃管。

它正如我想象的那样，先排出一些尿液，将上面的干土变成泥浆，然后再把泥浆摊开，涂抹在墙壁上和脚底下，一个地道就这样被它打通了，不过身后的地洞很快就被堵上了。它好像意识到附近没有补充水分的树根，所以十分节省地用自己身上的液体，只在最需要的时候用一点点，如此精打细算，终于让它熬过了漫长了12天，成功地爬出地面。

换上新装

蝉的若虫从等候室里爬出来之后，这个临时居所就被它完全抛弃了。它在洞外徘徊一阵子，仔细寻找立足的地方，如小荆棘、百里香或一枝灌木桠。它定睛看一会儿，做出决定，然后飞速爬到自己中意的植物上去，仰着头，所有的足牢牢抓住树枝，休息一会儿，就开始羽化。

羽化是从中胸开始的。背上的中线先裂开，裂口的边缘慢慢拉开，露出淡绿色的新装。同时，前胸也开始开裂，纵向裂口向上到头的后面，向下到后胸那里。接着，头罩横向从眼前开裂，露出红色的眼睛。外皮裂开之后，绿色的蝉体开始膨胀，在中胸形成一个鼓泡。因为血液的流入和涨缩，鼓泡开始缓缓颤动。一会儿，鼓泡变成一个楔子，沿着两条阻力最小的十字线将护甲撑开了。

现在，只有它的头了，喙和前爪也慢慢从旧衣服中伸了出来，身体水平悬挂着，腹部朝下。很快，后足也从撑开的蝉翼中伸出来了，蝉翼湿漉漉的，皱巴巴的。这是羽化的第一阶段，进行得很快，往往十分钟左右就能完成。

羽化的第二个阶段比较慢。一直到现在，它的尾部还嵌在蝉壳里，身体已经完全自由了。脱下的旧衣服仍旧牢牢地抓住树枝，并很快在空气中风干，仍旧保持着老姿势。

由于尾部还没有彻底解放，所以旧衣服是进一步羽化的支撑点。它垂直翻身，使头朝下。原本一直紧缩在一起的蝉翼，现在也慢慢展开了，蝉体的颜色也由绿色逐渐转黄。同时，蝉以非常轻微的动作，肉眼几乎察觉不出来，用腰部的力量，将身体立起来，慢慢恢复头朝上的正常姿势，用前足抓住空壳，使劲将尾部从旧外套中解脱出来。这时候它才真正的解放了，这个

羽化过程，它用了将近半个小时。

现在让我们看看蜕皮之后的蝉。真是人靠衣装马靠鞍啊！同一种昆虫，换了一件新衣服，就变成了另外一个模样。它的两翼湿漉漉的，像玻璃一样透明，看上去有些沉重，翅膀上还有淡绿色的脉络。前胸和中胸略带有棕色，其他部分则有淡绿色或微白色点缀。它就这样穿着自己的新衣服，在树枝上趴了两个小时，似乎在炫耀自己的新衣服。

它仍旧非常虚弱，只靠两个锋利的前足紧紧抓住树皮，微风吹来，它的身体便随之摇摆。又过了一个小时左右，它全身的颜色才由绿变暗，这说明它的身体也逐渐开始强壮。等它养足了精神，觉得自己足够强壮了，它才振动翅膀飞走了。蝉蜕，它的旧衣服，除了中间有一条裂缝，仍然完好无损地抓着树枝，抓得非常紧，秋天的风吹雨打也不能将它打落下来。它就这样一连好几个月地挂着，有的甚至能度过整个冬天。

好奇害死虫

由此可见，蝉的整个羽化过程，需要两个支撑点，尾部和前足。要完成整个羽化动作，它要做两种运动，先朝下翻跟头，再翻回去。这就要求它必须头朝上固定在一根树枝上，确保下方有自由空间。如果它找不到支撑点，会发生什么事?

我找来一根线，把它系在若虫的一只后腿上，然后将若虫悬挂在试管里。这根线处于垂直状态，若虫必然是头朝下地悬挂着，可是蜕皮要求它头朝上！我看到，若虫两腿不停地抖动，不停地挣扎，想要翻转身子，用前足抓住线或抓住被绑着的后足。

有几只蝉勉强让自己翻身直立起来，牢牢地抓住那根线，成功地蜕皮了。

还有几只蝉稍微笨一些，累得筋疲力尽也抓不住线，身体也没头向上地翻转过来，这样羽化就没法继续进行。有几只背部裂开了，露出被鼓泡涨大的中胸，由于不能继续蜕皮，它们很快就死了。还有更多只若虫，由于无法保持头朝上的姿势，身上连裂缝也没有，就死去了。

我又换了一个实验方式，将蝉的若虫放到玻璃瓶中，下面铺一层薄薄的沙。若虫可以在这里前进，但却没办法让自己立起来，因为玻璃壁很滑，它无法抓住什么东西让自己立起来。在这个实验中，大多数若虫没有蜕皮就死掉了，只有很少几只若虫趴在沙子上羽化了，它们是怎样让身体保持平衡的呢？很奇怪。

总之，蝉要完全蜕皮，一定要用正确的姿势，否则就不会羽化。这个现象告诉我们，若虫在临近羽化的时候，如果认为时机成熟，让它可以自如地控制自己的身体，那么它就决定羽化。如果条件不允许，它就推迟蜕皮，甚至取消蜕皮，宁死也不裂开自己的身体，一定要保护好里面的肉身。

不过这类实验纯粹是我的突发奇想，在自然的状态下，我还没看到过蝉因为找不到合适的平衡木而憋死在旧衣服里的。它的洞外通常就有些花花草草或树木，它从洞里爬出来之后就径直爬到这些植物上面，才几分钟便从背部的裂缝中挣脱出来，很快就进入羽化的第二个阶段，直至变成一只真正的蝉飞走。

发音器官

我们村子附近有五种蝉，分别是南欧熊蝉、山蝉、红蝉、黑蝉、矮蝉。其中南欧熊蝉个头最大，人们也最熟悉它，我现在就来研究研究它的发音器官。

先来看看蝉的身体结构：

蝉的结构

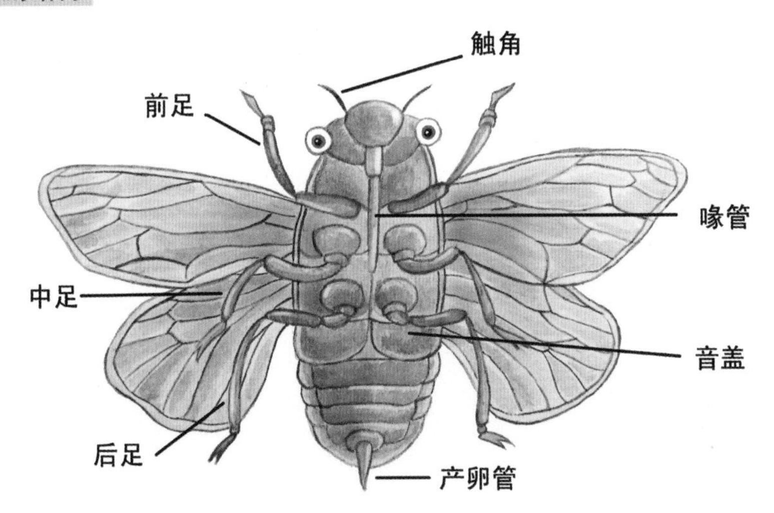

通常人们认为，大气囊（左右两个小气囊组成大气囊）、镜膜、音盖，就是蝉的发音器官。当蝉死去或者因为其他原因不能歌唱的时候，人们就说它的镜膜裂开了。但我认为这种说法是错误的，无论是撕破镜膜，还是剪去音盖，蝉依旧能歌唱，只不过声音变小了一些而已。所以这些并不是蝉的发音器官。

真正的发音器官在蝉的腹背交接处，在右空腔的外侧，是一个半开的纽扣大小的小孔，我称之为音窗。音窗通向另一个空腔，这个空腔又窄又深。

一个轻微的隆起紧靠着后翼，这就是音室的外壁了。在音室上开一个缺口，就会看到一个响板，这才是真正的发声器官。二十多年前，巴黎曾流行过一种叫作“噼啪”或“唧唧”的玩具。玩具的构造非常简单，将一根短短的钢片固定在金属座上，用大拇指挤压钢片，使它变形，然后放手，让它自己弹回去，钢片便发出“噼啪”或“唧唧”的声音。这就是这个玩具的全部娱乐点，非常无聊，所以它很快就被人们遗忘了。

蝉的薄膜响板跟这个钢片的原理非常相似，都是因为一块有弹性的片变形再回到原来的位置而发出声音。蝉身体上的黄色薄膜下面有两根呈“V”字形排列的肌肉柱，肌肉柱的尖端就立在蝉腹背的中线上，每根肌肉柱的上面就像被截去了一截儿一样，突然中断，一个又短又细的带子从被截的地方伸出来，分别连接着对应一侧的响板。随着这两根肌肉的张弛伸缩牵动各自的响板，响板就被拉下来并迅速弹回，两个发声片就这样震荡起来，这就是蝉的叫声了。

有趣的响板

研究蝉的歌唱，还让我发现了另一个乐趣：令一只死蝉唱歌，或令一只活蝉停止鸣叫。

蝉靠两个肌肉柱的张弛伸缩歌唱，一只死蝉是不会收缩肌肉的，那么只要我用镊子夹住它的一根肌肉条，小心地拉动，响板便会发出一个清脆的声音，每拉动一下，它便叫一声。与活生生的蝉相比，镊子“发出”的声音要小一些，除此之外，与活蝉的歌声没什么区别。你若感兴趣的话，不妨找一只刚死去不久的蝉实验一下，它一定还会为你歌唱。

你也可以捉来一只活蝉，将这个只热衷于唱歌的歌手给弄哑。弄哑之前，我先给大家讲一些常识。

蝉非常非常喜欢唱歌，无论你怎么摆弄它、折磨它，它都不会停止自

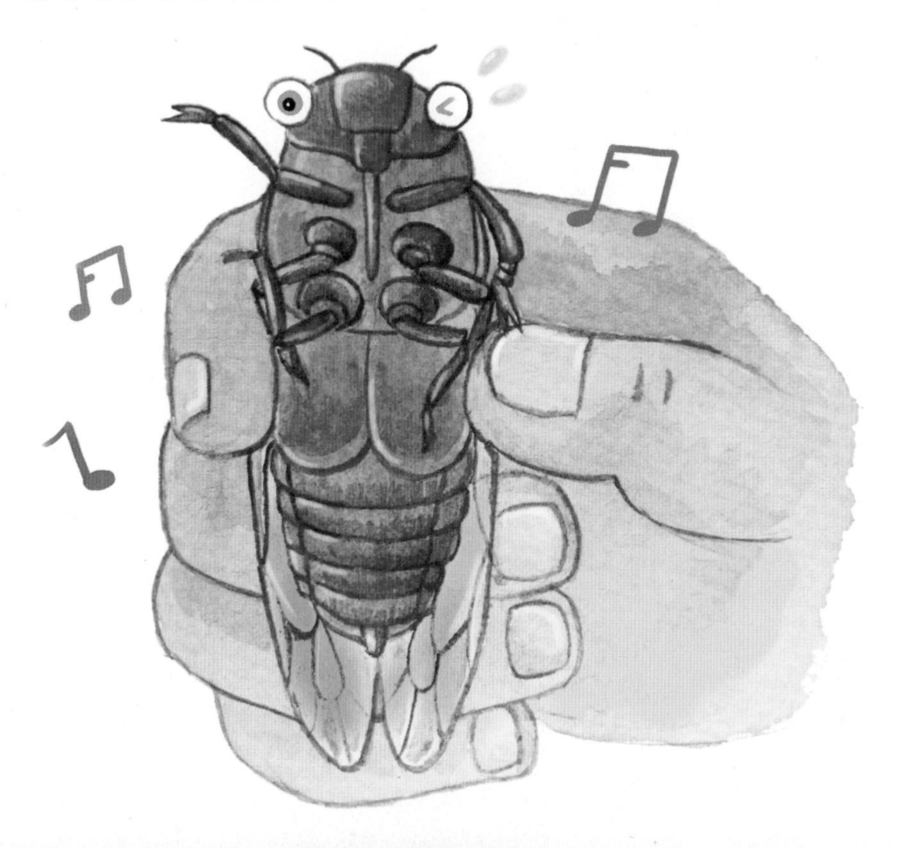

己的歌唱，仿佛唱歌就是它生命的全部。别人说小气囊和镜膜是它的发音器官，那么我就弄破这个小气囊，破坏它的镜膜，但依旧无法阻止它歌唱，即使面临残废的威胁，它依旧不会停止歌唱。总之，如果不找到这个音乐家真正的发声器官，谁也无法使它停止唱歌。

但是，只要用一根大头针往响板上扎一下，这个倔强的歌唱家，立即就

会停止鸣叫。与砸碎气囊、打烂镜膜这种高度残废相比，一个小小的针孔真的算不上什么，但它却产生了把蝉开膛破腹都不能达到的效果。

如果逮到一只山蝉，你会发现它的音室非常大，这也是它的歌声最响亮的原因。用剪刀剪去腹部三分之一不透明的部位，然后用手指堵上，你会发现它的声音会低沉很多；如果拿开手指，用一个玻璃管接住，歌唱声就会变得又低又响；如果将一个圆锥形纸袋的锥尖对准它的腹部，宽的一端对准一根玻璃管，那么它就会发出公牛般的叫声。

反复实验还让我发现，蝉的音盖是不会动的，腹部的鼓起和收缩会使它不停地打开和关闭。当肚子，也就是大气囊扁下去的时候，音盖会堵住小气囊和音窗，歌声就会变得喑哑、虚弱、沉闷；当肚子鼓起来的时候，音盖被稍微顶起，使小气囊半张开，音窗开通，歌声就会响亮到极点。如果肚子急速地收缩，就会使牵引响板的肌肉急速地同步收缩，这位大自然的歌唱家就会发出像急速拉动的琴弦所发出的声音，在你耳边聒噪。

夏季的中午是十分炎热的，没有风，歌唱家的鸣叫声也会被这闷热的天气所影响，歌声都是一段一段、断断续续的。每一段都会持续几秒钟，中间略微停顿一下，然后又会突然开始，鸣叫声迅速抬高。这时候你若捉来一只正鸣叫的蝉，你会发现它的腹部收缩是非常快的，而且越来越快，最快的时候，也就是鸣叫声音最响亮的时候。如此高亢地歌唱几秒之后，鸣叫声又逐渐降低，一直低到像一种呻吟声而非歌唱声，它的腹部也会停止运动。停止多长时间，要看天气状况，越闷热的天气，停止的时间越长。不一会儿，新一轮的歌声又会突然响起，是先前那首歌的重复，如此反复，蝉就这样不知疲倦地唱下去。

为生活的美好而歌唱

为什么蝉会不知疲倦地歌唱？

有人说，这是蝉在用歌声召唤伴侣。

事实果真如此吗？

我经常看到蝉成群地栖息在梧桐树上，雌雄混杂着，离得很近。它们无一例外都仰着头，把自己的吸管刺入树皮，一动不动地开始吮吸。树荫随着太阳悄悄地挪动自己的位置，蝉儿也随着太阳和树荫的移动而移动，一直向着最亮最热的地方挪移。无论怎样挪移，怎样吮吸，蝉的歌声一直没停过。

现在我们还能说雄蝉不停地歌唱是为了呼唤自己的伴侣吗？在追随阳光这个大方向上，它们夫妻的步调始终是一致的，它们一直相跟着挪移，丈夫根本就没必要对身边的妻子大声地呼唤，也不必呼唤个不停。我从来没看到过一只雌蝉被乐队中鸣叫声最响的乐手吸引过去，更何况，求婚者根本没必要没完没了地表白自己的忠贞，也不必如此声嘶力竭，因为被求婚的对象就在身边。况且，当雄蝉乐曲声音最响亮的时候，我也没见雌蝉的表情多么幸福，它根本就无动于衷，连扭动、摇摆这样表示满意的动作都没有。

可见，蝉儿的鸣叫并不是为了呼唤自己的伴侣。

我的农民朋友们则告诉我说，蝉在吮吸树皮的汁液时叫的声音最响，所以它唱歌是为了表达收获的喜悦，它唱的是：收获！收获！

这个想法，也许是源于农民朋友们自己在收获的时候很高兴，有时候会兴奋地唱起歌来，所以他们会想象着蝉儿也是为收获而歌唱。我很怀疑这个解释，不过还能接受，只当这是一种善意的幼稚吧。

我们不可能揣摩蝉的感情，因此也无法理解它收获的时候是怀着怎样的情感。不过，从它无动于衷的外部表现上，我猜它根本毫不在意自己的歌

声。这又让我想起另一件事。

我们之所以对蝉的歌唱如此敏感，是因为我们有听觉。蝉的视觉虽然非常发达，但听觉却很差劲。它那三只钻石一般的单眼只要看到我们走近，就会停止鸣叫，但是如果我们站在它眼睛看不到的地方，不停地讲话、拍手、吹口哨，蝉儿会有什么反应呢？鸟儿听到这些声响，会立即停止鸣叫，飞走；但蝉儿却不会，依然旁若无人地大声唱着，非常镇定。

我对蝉的听力做过很多实验，最难忘的一次是这样的：我从镇上借了专门在举办圣诞节时鸣放的礼炮，里面塞满了火药，对着我家门前梧桐树上的蝉射击。结果，炮声震耳欲聋，而树上的歌手们却丝毫不为所动，数量还是那么多，歌声的响亮程度和旋律也没有任何变化。我又放了第二炮，结果仍然如此。

这个实验说明：这些歌唱家根本就是聋子，炮声也不会惊扰它们。这就可以解释它们为什么鸣叫了——因为它们根本听不到自己的鸣叫，所以才会聒噪不休。生活中我们都有这样的经验，耳背的人说话声音特别大，蝉是聋子，所以歌声才会那么嘹亮。

暴雨将至的时候，青蛙会跟蝉一样发狂地大叫。蝈蝈儿有兴致的时候，也会发出声音。每种动物都有自己的庆祝方式，青蛙、蝈蝈儿、蝉的鸣叫，可能是为了表达生存的乐趣，歌唱生活的美好，就像我们开心的时候会唱歌、会拍手一样，鸣叫就是它们表示开心的方式。我猜事实应该是这样的。

枝条中的秘密

蝉的若虫从地底下往上挖洞，而蝉的成虫是在树上生活，那么卵被产在哪里了呢？

卵被产在树枝上。

在我搜集的植物中，蝉最喜欢的是木髓丰富的禾本科植物的枝条，细枝绝不能卧在地上，一般都是几乎垂直于地面，即使是断枝，也必须保持竖立。枝条最好细长、均匀、光滑，确保卵有一个较好的居住环境。另外，不管枝条属于哪种植物，它必须是死了的，而且已经完全干枯。蝉万不得已的时候也会选择活着的枝条，但选择的这根枝条一定是比较干燥的。

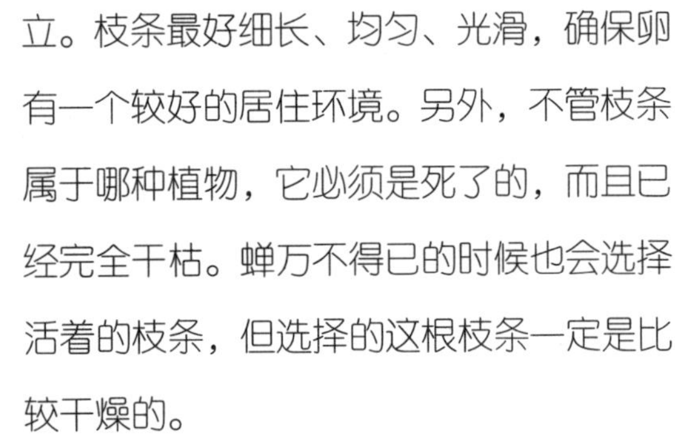

卵，就产在这些枝条中间。蝉在产卵的时候，产卵管就像一根大头针一样，针尖自上而下斜插枝条，将木质纤维撕裂，挤出来，使得产卵点表面留下一个浅浅的突起。不明真相的人看到这样一排针孔和突起，还会以为这是什么隐藏花儿的植物，或者某种球菌鼓起来了呢！

如果遇到一根不匀称的枝条，或者好几只蝉先后在同一根枝条上产卵，针孔和突起就比较混乱，看不出针刺的顺序。我也只能教大家一个知识点：蝉总是沿着一

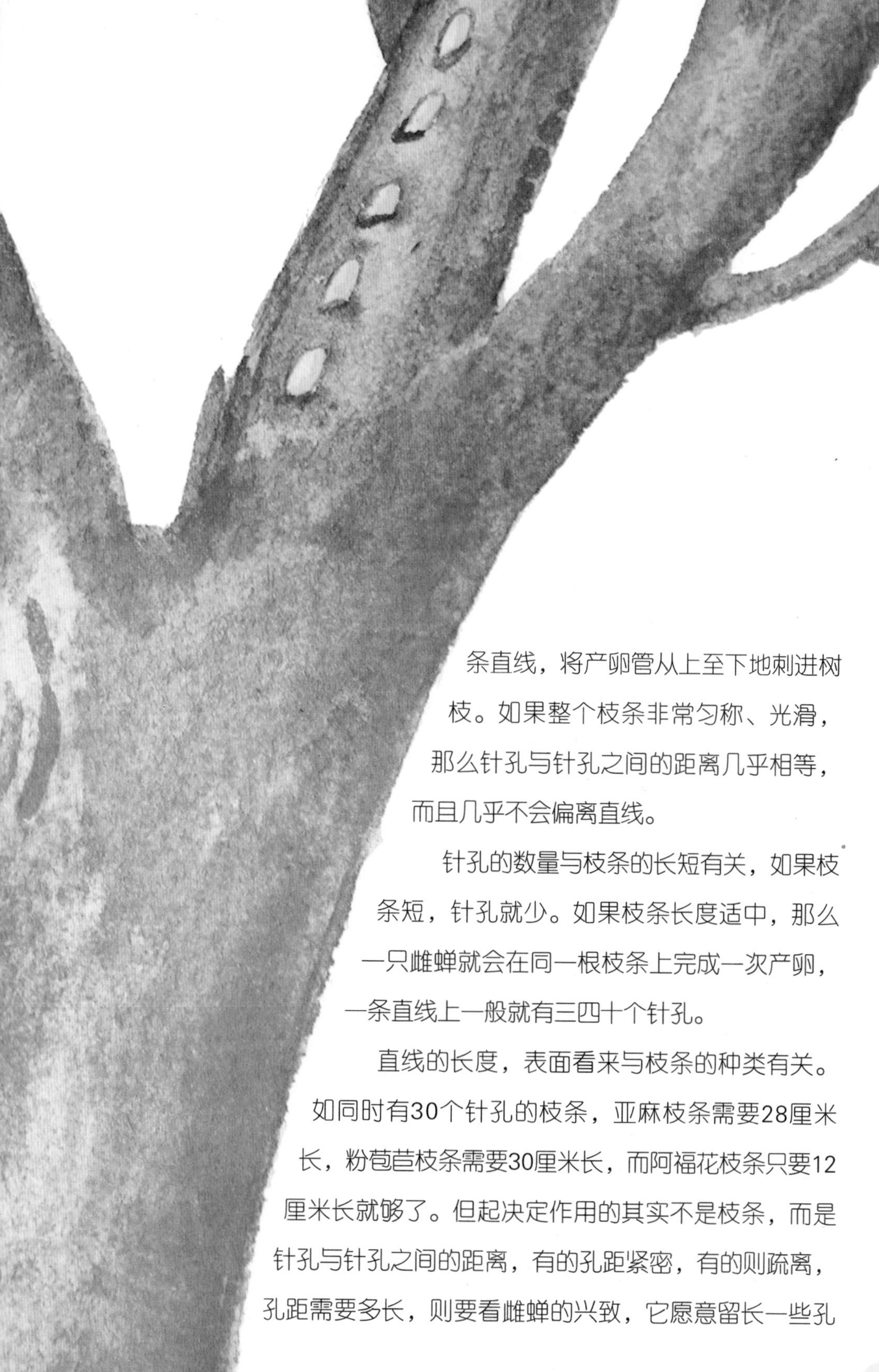

条直线，将产卵管从上至下地刺进树枝。如果整个枝条非常匀称、光滑，那么针孔与针孔之间的距离几乎相等，而且几乎不会偏离直线。

针孔的数量与枝条的长短有关，如果枝条短，针孔就少。如果枝条长度适中，那么一只雌蝉就会在同一根枝条上完成一次产卵，一条直线上一般就有三四十个针孔。

直线的长度，表面看来与枝条的种类有关。如同时有30个针孔的枝条，亚麻枝条需要28厘米长，粉苞苣枝条需要30厘米长，而阿福花枝条只要12厘米长就够了。但起决定作用的其实不是枝条，而是针孔与针孔之间的距离，有的孔距紧密，有的则疏离，孔距需要多长，则要看雌蝉的兴致，它愿意留长一些孔距就大，愿意留短一些孔距就小。我通过对很多孔距进行测量，发现孔距的平均长度在8～10毫米之间。

每个针孔的尽头，都是一个钻在枝条髓质部分的斜斜的洞穴，洞穴没有被蝉刻意封锁，卵就产在这个洞穴里。产卵管插入枝条之后，木质纤维会被钻开，产卵管拔出之后，木质纤维又会重新合拢。仔细观察，我还在纤维栅栏中看到一层反光的东西，我推测这是蝉为了方便钻孔留下的润滑剂，或者是蝉生孩子的时候分泌出来的物质，也可能是为孩子留下的第一份液体口粮。

撬开蝉的洞穴之后，我才知道自己挖到了宝藏，因为每个针孔后面都有5～15枚卵，平均数是10枚，一根枝条上一般有30～40个针孔，那么一只雌蝉一次性要产300～400枚卵，真是一个高产的母亲。

卵的灾难

我在讲述西芫菁故事的时候曾经说过，卵的数量一般与所遭遇到的危险有关。卵的数量越多，遇到的危险越多、越大，成活率就越低，如西芫菁；相反，产卵越少，就说明这种昆虫越容易成活，如西班牙粪蜣螂。蝉的孩子也不少，这就意味着它的孩子很容易遭受劫难。

可是观察蝉的成虫，我并没觉得它多灾多难。因为它的视力非常好，只要看到一点点危险，它便会快速飞离。况且它生活在高高的树上，一般昆虫根本够不着它，怎么会伤害它呢。也只有麻雀，经常会偷偷接近这位歌唱家，趁它不注意，一个猛扑飞过去逮住它吃掉。但很多时候，蝉在麻雀攻击之前就已经逃走了，临走前还轻蔑地向侵略者撒一泡尿呢！所以麻雀并不是最危险的敌人。

灾难来自一种小飞虫。

在同一根枝条上，针孔并不完全是直线排列的，有时会向左或向右偏。原因是这样的：蝉喜欢温暖，所以在产卵时选择的都是容易晒到太阳的地方，以便于让自己的背部时刻享受日光浴。在一根枝条上产卵需要很长时间，如果需要扎40个左右针孔的话，它就要连续产卵六七个小时。在此过程中，太阳是不断转移的。为了追逐阳光，它也就绕着枝条慢慢地转动，因此留下像日晷盘上的投影线一样的针孔。

坏蛋小飞虫，就是在蝉产卵完毕时来的。这种小飞虫也长着钻孔器，身长只有四五毫米，全身漆黑，现在我还不知道它叫什么名字，雷沃米尔也曾在蝉的故

事中提到过这种虫子，但却没有对它进行深入的研究，因此错过了一些事实。

蝉比这个小飞虫大好多倍，抬抬脚就能将它压扁，可它没有这样做。宽容只会放纵罪恶，这个胆大包天的小家伙竟然站在蝉的脚后跟处，将自己的钻孔器插进蝉刚刚拔出产卵管的地方，将自己的孩子产在蝉的洞里，这就意味着将来洞里的蝉卵会被异族的卵全部消灭。就这样，雌蝉每钻一个孔就往前爬几厘米，这个小飞虫也跟着往前爬几厘米，蝉产卵结束，小飞虫也种完了恶果。

遗憾的是，蝉虽有锐利的眼睛，但它就这样眼睁睁地看着敌人在自己家中搞破坏，却不肯转过身来，一脚将这个可恶的小东西踩死——本能没教导它这些，所以它不懂，只能按着产卵的固定程序走，一次又一次放任家庭灾难的来临，代代如此。

蝉卵的故事

十月份的一天，我将从荒石园中搜集来的有蝉卵的阿福花枝条随手放在炉子前的椅子上，壁炉里熊熊的火焰已经燃烧起来。等我想起来去观察的时候，发现枝条上的卵已经孵化了，它们十几个一组从针孔里冒出来，数量非常多，让我着实欢喜，我还是抓住这个有利时机，好好观察观察这些小家伙吧！

每个卵上都有两颗黑色的圆眼睛，乍一看像是小鱼的前部。它

的前足套在卵壳里，并拢，伸直到身体的后部，使它看起来像长了鳍一样。鳍的轻微活动有助于帮它从壳里出来。其他几条腿、触角等器官，都还被包在套子里，身体的体节已经非常清楚了。全身光滑，没有一丝绒毛。这是蝉的最初形态，我称之为初龄幼虫。

初龄幼虫担当了穿破重重阻碍来到洞外的任务。一个针孔中有十几只卵，大家几乎同时孵化，出口只有一个，要想出去，前面的幼虫必须尽快离开，为后面的幼虫留下生命的通道。因此，所有的幼虫身体都很光滑，这样后面的幼虫想要从它身边钻过的话也非常容易。为了方便钻过去，所有幼虫的身体都像个梭子，前面非常尖，这样它就能像一个楔子一样从前面的幼虫身边钻过去。

我在放大镜下观察，

这个过程非常慢，至少需要半个小时，幼虫的身体才能全部露出来，但尾部仍然挂在钻孔里面。到了洞口之后，幼虫才完全脱去身上的外套，变成一只真正的若虫。只是它的体型很小，力量也很小，它在落地前会在阳光下晒会儿太阳，伸伸胳膊，弹弹腿，舒活舒活筋骨，确保自己强壮了才下地。所有的卵都落地之后，洞穴口就被一大把丝线盖住了，这些弯弯曲曲皱皱巴巴的丝线，就是卵壳了，风一吹，就四散飞去，不见了。

蝉的若虫在空气中养壮实之后，便寻找一块非常松软的土地，准备投入到艰苦的挖掘生涯了。挖掘必须要快，因为冬天马上就来了，土地可能很快就霜冻，会把它冻死的，它必须快些钻进深深的土层中。

第一步的挖掘工作就是它多灾多难一生的真实写照，很多幼虫就是因为没能跨过这一关而死去的。在这一关，风是最无情的杀手。一阵风刮来，它孱弱的身体可能就会被卷到坚硬的岩石上，吹到臭水沟中，刮到没有植物、

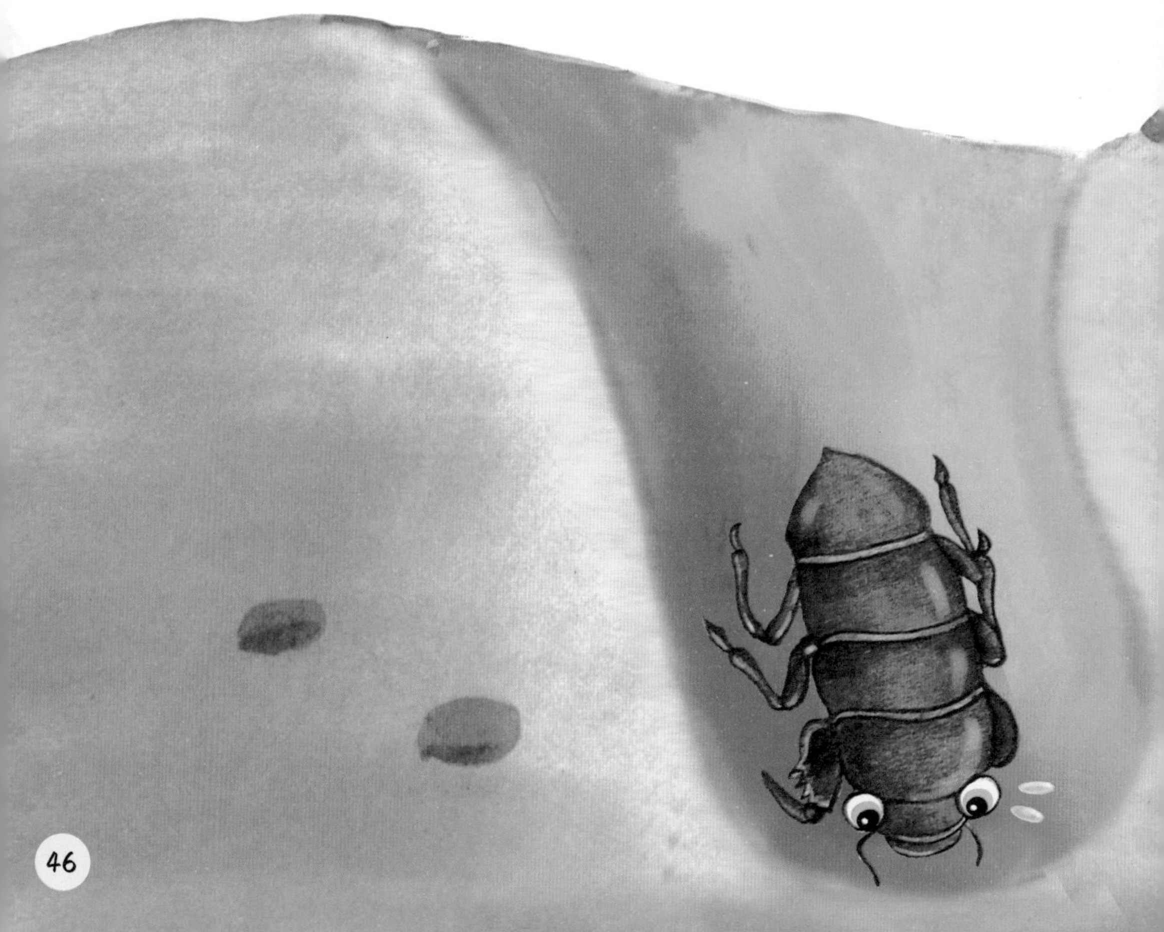

没有粮食的不毛之地或者硬得无法钻洞的黏土中。

为了让它们避免这些不必要的麻烦，也为了便于观察，我找来一个玻璃花瓶，装入土质较软的灌木叶腐质土，这样它脆弱的足就很容易挖洞，而且我也能在这种黑颜色的土中很快发现它。我还在土中插了一丛百里香，并撒了一些小麦的种子，然后定期给它们浇水，确保这些植物一直存活，幼虫一直有粮食可吃。

麦子长出第一片叶子的时候，我将六只若虫放在土上，它们很快就挥舞着挖土工具，四下寻找合适的场所，这一找就找了两个多小时。我在野外对它们的观察也是如此，若虫在挖掘之前必须先勘察一番地形，直到认为自己找到了最容易挖掘且粮食充足的场所。如果没有合适的地点，它们绝不肯挖掘，哪怕自己在不停的找寻中筋疲力尽累死。我为它们准备的土质很好，但根据惯例，它们依然会先探察一番。

勘察完毕，这几个小家伙开始动手了。只见它们的前足像镐一样在地面上挖，很快就挖了一个洞，它钻到土中，再也不出来了。第二天，我将实验的玻璃花瓶倒过来，发现它们六个已经全部到了最底层，如果没有玻璃瓶底的阻挡，它们也许会钻得更深。它们在挖掘的过程中肯定遇到了植物的根须，我不知道它们是否会将自己的吸管插进根须里吸一点汁水。接下来我又将它们重新埋好，一个月之后又去看，它们已经全部蜷缩在土块底了，没有附在植物的根须上，它们的大小也没有变化，看起来也没吃东西——它们为什么禁食呢？难道它们要等春天来到的时候才肯吃吗？然而，在四月春回大地的时候，我却发现它们已经死了。我还没找到原因，可能是因为玻璃瓶的土层太浅，它们被冻死了。也可能是因为它们不喜欢小麦和百里香的根须，被饿死了。我的实验就这样被迫终止了。

我只能根据从地下收集到的大小幼蝉来判断它们在地下的成长阶段，从而推断出，这些若虫会在土中待四年。它们会不停地吮吸植物的根须，挖掘土壤，然后费尽心思挖一个临时地洞，在时机成熟时爬出地面，脱去满是泥巴的外套，换上与飞鸟相媲美的翅膀，飞到高高的树上，一展它那无比响亮的歌喉，大声歌唱生活的美好。

四年的地下劳动和夏季一个月的歌唱，这就是蝉绚丽的一生了。

小贴士：美味的蝉

你知道吗？蝉不仅仅是一种昆虫，还是一种美味的食品，甚至还是治病的良药。

亚里士多德曾说过："蝉在蜕皮之前食用，味道非常美。"可是它一出洞就立即去蜕皮，只需要几分钟的时间。我们要想吃到鲜美的蝉肉，必须抓住这几分钟时间，尽快把它逮住。

于是七月的一个早晨，当灼热的阳光开始炙烤大地时，蝉的若虫被逼得出了洞，我立即动员全家人出去寻找若虫。我们五个人，在荒石园的小径边寻寻觅觅了两个小时，才找到四只若虫。为了防止它们快速羽化，我们将找到的若虫放在水里面淹着，不管它们有没有死，是否还新鲜，至少可以阻止它们蜕皮。然后，我们准备好油、盐、葱，将若虫洗净煎炸了一番，就开始享用。

因为亚里士多德曾说过这道菜非常美味，值得好好品尝。所以我们全家人都吃了这道油炸野味。品尝的结果，大家一致认为，这道菜还是能吃的，因为它还有一点点虾的味道呢！但也没有亚里士多德所讲的那么美味，因为它太硬了，几乎没有什么汁水，跟嚼干羊皮差不多。所以我才不会像亚里士多德那样向大家吹嘘这道菜有多么美味呢。

我猜亚里士多德不见得真正吃过这种野味，他应该也是道听途说的。关于若虫美味这件事，亚里士多德应该是听信了希腊农民的说法。希腊农民的坏脾气是众所周知的，他们总是嘲笑科学，嘲笑研究虫子和石头的人，只会故弄玄虚地对城里人说：若虫是神仙才享有的美味佳肴，味道美极了——他们只会用夸张的言语引诱别人，却无法让别人的味蕾感到满意。他们怎么会知道，搜集这样一道菜并不是一件很容易的事，我们全家五个人用了两个小时才找到四只啊！

不过乡野村夫的话也并非无稽之谈，我家乡的农民对蝉也有一定的了解，他们对蝉的认识却让我大开眼界。

我的农民朋友告诉我，一个人如果肾虚了，水肿了，走路摇摇晃晃的，最好的药方，就是蝉。夏天将蝉收集起来，放在太阳底下晒干，穿成一串，收藏在衣橱里，这就是每个家庭主妇在七月的必修功课。

如果某个时候你觉得自己肾脏不舒服了，尿路不畅了，那么别担心，打

开衣橱，取出那一串蝉，将它熬成汤药，喝下去，病就好了——据说是这样的。我不是很相信这件事，曾有一个朋友在我不知情的情况下给我喝了这样一碗汤药，我也没觉得有什么疗效或副作用。

不过这种事并非我家乡的农民知道，古代阿美尼国的首都阿那扎巴的医生也建议用蝉来治疗肾脏和水肿的问题。古希腊的医生迪约斯克里德也曾说过，将蝉烤好，干嚼，可以治疗膀胱疼痛。所以蝉作为药方这个传统，由来已久，不同的是迪约斯克里德建议将蝉烤着吃，如今的人们将它做成汤药而已。

至于蝉为什么有利尿的作用，理由非常滑稽，因为我们在捉蝉的时候，它会突然向我们撒一泡尿，所以人吃了用蝉做的药之后，就能将它容易撒尿的特点传给我们。

啊！我这群可爱的朋友，如果你们知道蝉的若虫为了给自己建立一个等候室，用尿拌土做成泥浆，你们会怎么想呢？

负葬甲的掘墓生涯

掘墓人

朋友们，你是否见过这样一种现象：一只死鼹鼠躺在羊肠小道旁边，或者一只绿色蜥蜴被淘气的孩子们砸死在路边，或者一条蛇被踩死在路边，或者一只小鸟不知什么原因也横尸野外，总之不管什么小动物，它死了，过几天就变得腐烂发臭了，令过路人忍不住掩鼻而过。但再等两天，你会发现，这些尸体残屑统统没有了，地面上干干净净，好像没有躺过任何动物尸体一样！

没错，这种事情时有发生，尤其是在乡下。那些散发着恶臭的尸体，正是被那些大自然的清洁工处理掉了。

第一个尸体处理工是蚂蚁，它总是第一个发现尸体，然后就急急忙忙将尸体肢解成碎片。很快，尸体的臭味就吸引了其他昆虫，葬尸甲、腐阎虫、皮蠹、隐翅虫等一群小家伙，突然间不知从哪里纷纷冒出来，匆匆忙忙奔向腐臭的尸体，以极其高亢的工作热

情，将腐臭的尸体瓜分干净。我极力克服着恶心和反感，翻起一只死鼹鼠，看到了一个干劲十足的食品加工厂。工人们都在奋力劳动，将可怕的腐尸切割、肢解，尸体被它们弄得发出酥脆的响声。

干活最卖力的是负葬甲，它非常热爱这份葬尸的工作，穿得极其隆重：身着黄色法兰绒衣，触角顶端戴着红色的绒球作为装饰，腰间横系一条齿形边饰的朱红色腰带，整体看来非常绚丽、漂亮。

与其他尸体处理工大啖腐肉不同，负葬甲工作的主要内容不是肢解、解剖尸体，它自己很少吃这些腐肉，它最主要的工作是将尸体埋葬到一个小小的地窖中，将来留给孩子们吃。换言之，它做这件事主要不是为了自己，而是为了孩子们。它平时的行动并不比别的尸体处理工麻利，反而看起来愚笨迟钝，但在储藏尸体时却动作娴熟，它先是手脚麻利地挖出一个地窖，飞快地将整个尸体埋起来，很快一具尸体就被掩埋在地下，归它的孩子所有了。其他尸体处理工却没有它这样的工作效率。

为了看清楚负葬甲是怎样干活的，我特意为它们准备了十几只死鼹鼠，而且将这些鼹鼠统统放在土质疏松的沙土上，使它们干起活来更方便。很

快，三雄一雌，共四只负葬甲，就出现在了我的视线里。

它们干活的时候就躲在鼹鼠尸体下面，好像在背负着尸体干活，于是已经死掉的鼹鼠就动了起来，不了解情况的人还以为它又复活了呢，实际上是因为在它身下干活的负葬甲在动。过了一会儿，一只雄负葬甲就从尸体下面出来了，它围绕着尸体转了一圈，四处检查一下，然后又很快回到尸体下面。如果工作不顺利的话，过一会儿还会有一只雄负葬甲出来了解情况，探察完毕又重新回到尸体下面。这不是偶然现象，每次埋葬尸体时雄虫都会隔一段时间出来检查检查工作的进展状况，然后又重新返回工地继续工作。

负葬甲不停地在下面晃动，尸体也动个不停，下面的沙土就被逐渐压紧，形成一个环形软垫，鼹鼠就慢慢沉下去。外面的沙土，也由于不断受到震动，慢慢往中间的坑中淹没，慢慢就掩盖住了鼹鼠的尸体。一会儿，尸体就被彻底掩埋了。

总之，负葬甲的工作很简单，就是一边挖掘，一边晃动，往下拖拉尸体，直到它们认为已经掩埋得够深了，才结束挖掘工作。

两三天之后，我再来到这个工地，发现鼹鼠已经被处理过了，浑身无毛，光秃秃的，好像被家庭主妇拔过毛的鸡。尸体的旁边，现在只剩下两只负葬甲，是一对夫妻，它们负责看守和处理尸体，将来可能还要看守孩子。另外两只，也许它们认为自己已经做完了助手的工作，早已悄悄离开了工地。

模范家庭的家庭悲剧

既然这对可敬的夫妻是为了孩子而工作，现在我们就简单了解一下它们的孩子。

每年的四月份，是负葬甲出来觅食和埋葬尸体的时候。五月份，我挖开了一个两周前才掩埋的墓地，找到一只褐家鼠。这个散发着恶臭的尸体已经变成一堆很黏的稀糊，上面爬了15只幼虫，生长状况良好，还有两只成虫正在恶臭中乱动，很明显这就是那15只幼虫的父母，它们正坐在餐桌旁边照顾孩子们吃早餐。

幼虫一身白，光秃秃的，是瞎子。它

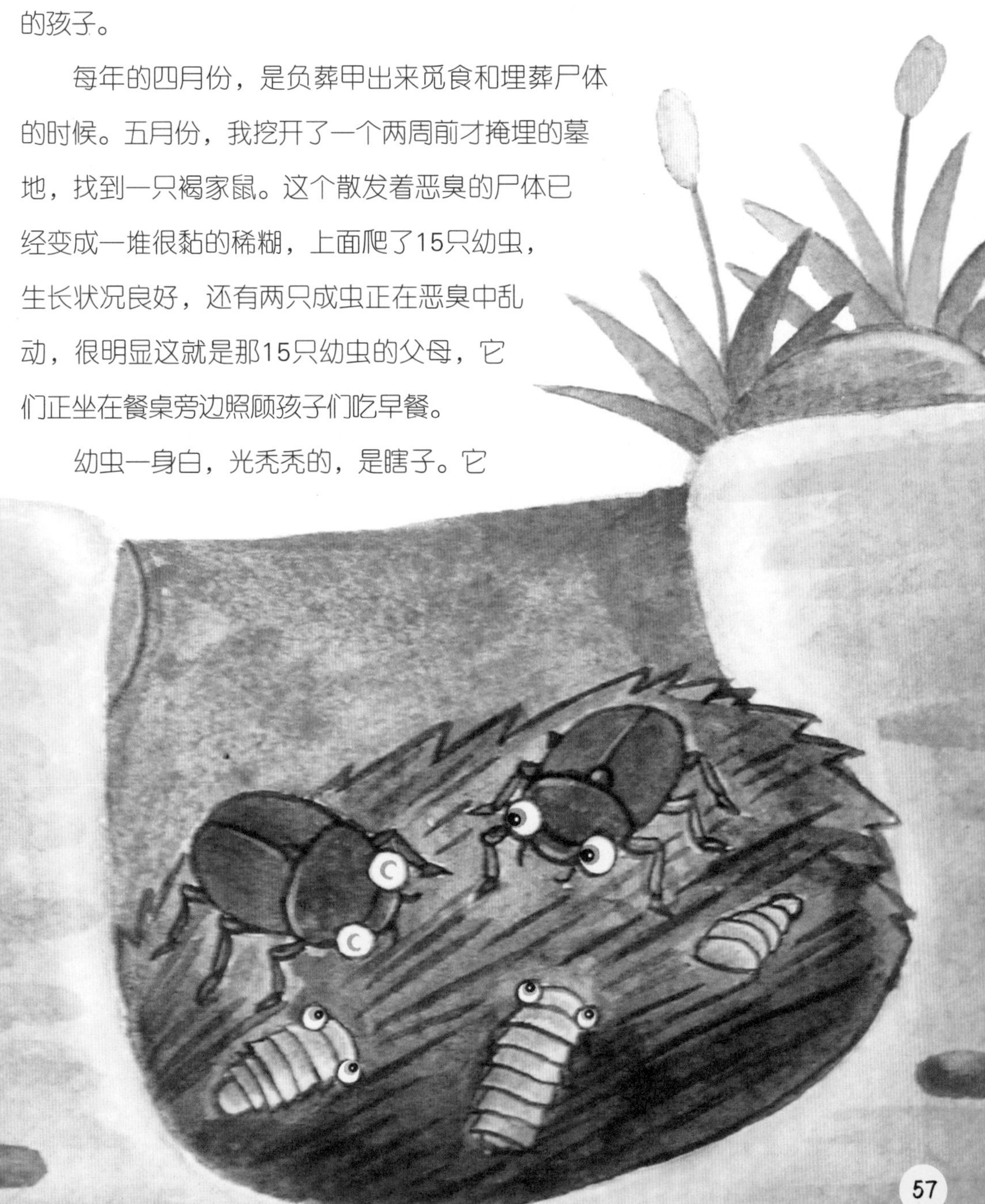

的外形为披针形，像一只螃蟹，长着一只黑色的大颚，这可以帮它肢解尸体。它的足很短，但迈着小碎步却能跑得很快。腹部有一块红棕色的腹板，上装有四根腹针，这可以支撑它降到地下，为进一步的变态提供条件。不过最令我惊奇的是幼虫的生长速度，它们在两周之内成长迅速并且即将要变态。看来它们的食物虽然令人恶心，但却像生长剂一样可以加速它们的生长。

幼虫身体长得足够结实之后，就爬出地面，用自己的足和背部的硬甲将身体周围的沙土向后推，做成一个变态用的蛹后，就躺下迷迷糊糊地睡了。若是谁打扰了它的美梦，它就立即苏醒，围着自己转圈。

成虫一直陪伴着自己的子女，但身上长满了令人恶心的虱子。四月份它们刚出现的时候，还是新婚伊始，衣着非常讲究，也非常漂亮，可是到了七月份为人父母之后，好像心思都用到了孩子身上，一点也不顾及自己的形象，任凭身上长满虱子。虱子钻进它们的关节，几乎爬满了全身，看起来像

是身上多穿了一件破衣服一样，真是难看至极。它们也试图赶走这些令人厌恶的寄生虫，但寄生虫们很快又会成群成群地爬到负葬甲身上。寄主被它们弄得没办法，寄生虫们却很得意。

看到虱子将负葬甲折磨得狼狈不堪，我有些愤愤不平。负葬甲与粪金龟一样，都是美化大自然的清洁工，它们把自己毕生的精力奉献给公众的卫生工作，非常了不起。况且，它们也与粪金龟一样，父亲不像绝大多数昆虫那样游手好闲，而是兢兢业业地担负起一家之主的责任，与妻子一起打理家务，照看后代。总之，在我眼里，负葬甲也是一种道德高尚的昆虫，对人类负责，对家庭负责，这样好的昆虫，大自然为什么一定要为它们安排一些寄生虫呢？

更不幸的事还在后面呢！负葬甲从地底下爬上来之后，几乎都变得残疾了，有的失去了胳膊，有的被切掉了关节，有的仅剩下一只完整的足，残疾

者浑身都爬满了的虱子。一个身体稍微好一些的负葬甲爬出地面之后，对一个高度残疾者展开攻击，很快就把它弄死，将腹部挖掉，刮净。这样残酷的事情我见过了，一些负葬甲总要被另一些给打残废、打死，吃掉，食同伴是负葬甲的传统习性。

马萨热特人有这样一个习俗：成年人会用凶器将家中白发苍苍的老年人打死，这种行为被誉为“孝敬”，因为它可以解除老人年老体衰的痛苦。负葬甲也是这样吗？被杀死的负葬甲确实是生命衰竭的老虫，大家苟延残喘也没什么意思，干脆互相消灭吧！

马萨热特人做这件事还可以找到辩解的理由，因为粮食短缺。负葬甲是因为什么呢？我已经为它们准备了足够多的食物，绝不会有饥饿的事情发生。我想，原因也许是它们体力衰竭了吧，眼看生命之灯就要熄灭，它们不舍得离去，就变得暴躁和愤怒起来。昆虫界有这样一个有趣的现象：昆虫不停地劳动，它的性情就会温和，懒惰无所事事，就容易变得邪恶。现在负葬甲年老体衰，不能干活，没事可做了，于是就咬断同伴的腿，砸烂同伴的足，或者干脆吃掉它，给自己找点事做。

年老之后变得抓狂的昆虫并非负葬甲这一种。壁蜂也是这样，当它觉得自己卵巢枯竭变老之后，原本平静的它，就会生气地将邻居的蜂房捣毁，将别人的孩子踩死，甚至也会破坏自己的蜂房，将卵吃掉。还有螳螂，在交配之后，丈夫变得没用了，雌螳螂就把它吃掉。雌螽斯，看到丈夫残废无用之后，也会将丈夫的腿一点点吃掉。蟋蟀的性情比较宽厚，可产完卵之后它就没事可做了，于是就与丈夫打架，夫妻双方恨不得马上捅破对方的肚子。

想起负葬甲夫妇昔日一起劳动的和睦，对子女尽心尽力的照顾，无论如何也想不到它们会有如此凄凉的晚年。唉！老了就容易犯糊涂，也许这是老年负葬甲被同伴杀死的唯一理由吧！

据说很“有才”

除了掘墓埋葬尸体这样伟大的贡献，人们还赋予了负葬甲另一个好名声：智慧之虫。据说，负葬甲的智商很高，即使蜜蜂这样最有天赋的昆虫，也比不上负葬甲的才能。

我这里有两则赞颂负葬甲的小短文，它们都出自拉科代尔的《昆虫学导论》，下面是作者的原话：

克莱威尔在他的报告中说，一只负葬甲正想埋葬一只死老鼠，但很快发现老鼠尸体下面的土地太硬了，很难在这里挖洞并进行掩埋工作。于是，这只聪明的负葬甲就在附近找了一块土质疏松的地方挖洞，然后，它就试着将那只死老鼠拖到洞里埋掉。但是老鼠的尸体太大了，它无法拖动，于是它再次离开，回来之后，它身后就跟着四个同伴，正是在这些同伴的帮助下，负葬甲成功地拖走了死老鼠并掩埋了它。

在这段文字下面，拉科代尔说，这件事让他觉得，负葬甲是会运用思维的昆虫，很聪明，知道换个地方挖洞，知道叫同伴帮忙。虽然无意诋毁这个勇敢的掘墓者，但我不同意负葬甲有思维这样的说法。据我所

知，负葬甲喜欢在尸体的下面就近掩埋，不会聪明到寻找一块土质疏松的土地。况且那些同伴是它刻意寻找来的吗？我也很怀疑。我会通过实验来检验这个说法是否正确。

另一段文字是这样的：

格勒迪希的报告让我再次看到负葬甲运用了思维。格勒迪希说，他的朋友想将一只癞蛤蟆风干，于是就在地上插了一根棍子，将癞蛤蟆的尸体挂在棍子上，这样尸体就与地面有一段的距离，负葬甲就够不着了。但没想到负葬甲用自己的实际行动挫败了他的计划。负葬甲确实无法爬上棍子，也无法够着癞蛤蟆的尸体，于是它就在插棍子的土上挖掘，支撑棍子的土没了，棍子就倒了，癞蛤蟆也摔了下来，负葬甲就将棍子和癞蛤蟆尸体一起埋了。

这段文字确实很有意思，如果负葬甲看到挂在棍子上的尸体后，毫不犹豫地就对这棍子下面的土进行挖掘，那么我承认负葬甲运用了思维，在昆虫王国里是高智商的昆虫。但事实呢？负葬甲真的像我们人类一样，看到难题思考了一下就想到了解决问题的方法吗？它的行动真的是思考的结果吗？我非常怀疑，我也会让实验来回答我的问题。

结论必须依靠大量的实验，我必须至少有十几只负葬甲做实验，才能发现问题的共性，得出一个比较接近事实真相的结论。于是我就请一个园丁帮我捉鼹鼠，尽管这个提议让他不齿，但他还是接受了我的要求，或许他认为我是想用这些老鼠皮缝制一件法兰绒背心吧！三十几只死鼹鼠很快就被送来了，我将它们分散着扔到荒石园的草丛中，负葬甲很快就会被食物的味道所吸引。

来吧！来吧！这里有你们最喜欢的美食！你们这些号称最聪明的昆虫，我倒想知道你们的脑袋瓜中究竟有没有货。

反驳克莱威尔

我首先检验克莱威尔的说法，看看负葬甲会不会主动寻找一块土质疏松的土地，会不会寻求同伴帮助。

我在沙土中心铺了两块砖头，然后在砖头上撒了一层沙土，并将砖头所在的地方与其他地方保持齐平，使它们从表面看不出来有任何区别。我在砖头所在的土层上放了一只鼹鼠，再放十只负葬甲，最后用一个钟形网罩罩起来，坐看我的俘虏怎样工作。

这十只负葬甲，三只是雌性，身上都有泥土，其他几只在地面上无所事事地游荡，不过大家很快就发现了钟形网罩里有一具尸体。早上七点，三只负葬甲，一雌两雄，开始行动起来。它们毫不犹豫地钻到鼹鼠身下，鼹鼠开始颤动，说明它们在下面已经开始了劳动。如果没有砖头阻拦的话，它们会像以往一样，很快就在鼹鼠周围挖出一个环形软垫，使尸体沉下去，掩埋掉。

可是现在沙土下面是很硬的砖块，以它们的能力根本不可能穿透，所以鼹鼠震动了两个小时也没有被掩埋下去。而我也通过这个机会，进一步了解了埋葬工作。如果需要移动尸体，负葬甲就面朝天躺下，用六只足抓住鼹鼠的毛，背部使劲往前推。如果需要挖掘，它们就站起来，保持足着地，挖掘或者晃动背上的尸体。

忙活了两个小时，它们终于意识到哪里出了问题。于是一只雄虫爬出来探察了。它在尸体旁边转来转去，不停地刮一下，然后又回去，鼹鼠很快又晃动起来。不过它们并没有刻意将尸体向着疏松的土地挪动，只是向这个方向移动了一点，又退回去了，大家依旧在原地毫无目的地忙碌，三个小时过去了，工作没有一点进展。

第二只雄虫也出来勘察情况了，它围绕着钟形罩转了一圈，就发现了砖块旁边疏松的土，它在这里试着挖了一个又窄又浅的井，能淹没自己半个身体。然后它重返工地，用背部顶着鼹鼠的尸体，使尸体往土质疏松的地方移动了一根手指。难道它们从此就背着食物往土质疏松的地方去了吗？没有，因为不久它们又往后退了，仍然没能顺利地将食物掩埋下去。

于是，两只雄虫一起出来勘察。显然它们并没有听从前两只侦察兵的忠告，绕过已经看过的地形，而是按照自己的习惯，依然围绕钟形罩转一圈，四处搜索一番后，在远离砖头的地方挖出六道浅沟。那么第六道沟会是掩埋鼹鼠的最终地点吗？不是的，四只负葬甲背着那只鼹鼠，一会儿向这个方向移动几步，一会儿向另一个方向移动几步，总之，大家往各个方向都试着移动几步，如此折腾了好几个小时，才终于找到一个没有砖块的沙地。找到合适地点之后，它们才按照平常的方法，迅速将鼹鼠掩埋了。

很明显，这个实验否定了克莱威尔的说法，负葬甲并没有预先在土质疏松的地方挖一个地洞，最后被选择挖地洞的地点是负葬甲们反复探察之后所做的决定，起确定作用的是反复探测，而不是经过大脑思考之后做出的选择。

克莱威尔还说，负葬甲遇到困难时，会去寻找同伴支援自己，这也是它有智慧的一个表现。但我的实验告诉我，我的三只负葬甲并没有寻找助手，而是一开始大家就合作了。也许你会说，这三只虫子的力量已经很强大，没有必要请人帮忙。可下面就是砖头，无论如何也钻不透，多请一个帮手不是更好吗？况且类似的实验我进行了很多，经常会看到一些落单的负葬甲累得喘不过气来，但从来没有离开工地，去别的地方请一些帮手回来。倒是看到其他助手不请自来，它们是因为闻到了食物的气味而来，而不是被主人叫来的。这点有点像圣甲虫，它闻到粪球的味道之后也会跑过来帮忙，不过它的帮忙要加上一个引号，它帮忙是为了分一杯羹，是为了打劫；而负葬甲们帮助同伴完全是没有私心的，它们帮同伴掩埋好尸体后就默默离开了。

反驳格勒迪希

格勒迪希说，负葬甲为了够着高处的癞蛤蟆，会挖挂癞蛤蟆的木棍下面的土，木棍塌了，癞蛤蟆也就掉下来了。因此他认为负葬甲有智慧，知道挖倒木棍就能得到癞蛤蟆尸体。我的实验将证明他这一说法是错误的。

长期的观察让我发现，负葬甲除了有挖掘的本领，还有弄断绳索的本领，我经常看到它咬断植物的根、节、蔓。

我做了一个三脚架，在它的上面用草茎织了一张网，网眼不大，不能让一只死鼹鼠的身体钻过，然后我将三脚架插入土中，使网面刚好与地面齐平，最后我用了一些沙土，将网埋了起来，将一只鼹鼠的尸体放在网上，又放来几只负葬甲，就静等实验结果了。

埋葬工作进行得很顺利，除了比平常慢了一些，多余的时间，它们就用来咬草茎编的网了，因为我检查三脚架的时候，发现破的地方刚好是鼹鼠尸体下面，而且破洞大小仅够鼹鼠的尸体通过，绝没多咬一根草茎。这样的识别能力虽然称不上智力，但已经很高明了，我对它们的其他能力充满期待。

我又改进了实验，将鼹鼠的尸体绑在一根水平横木上，横木被安在两把无法摇动的叉子上。由于鼹鼠的身体很大，所以整个身体仍旧挨着地面。

负葬甲闻到食物的美味之后，马上就行动起来，飞快地挖起洞来。可是挖了一会儿它们发现食物并没有

沉下去，而是被横木挡住了，而横木被两把叉子牢牢地固定着。它们犹豫了一会儿，就放慢了挖掘速度。一只负葬甲爬出地面侦察情况来了，它在鼹鼠身边溜达了一圈，发现尸体被绑在了横木上，于是就张大嘴巴开始咬绳子。绳子很快就被咬断了，鼹鼠开始下沉，不过头仍然留在地面上，被另一根绳子绑着。负葬甲却不理会另一根绳子，只顾往鼹鼠下沉的地方埋葬，直到最后才发现头部没下去，于是它又去头部侦察，发现了第二根绳子，它又咬断了第二根绳子，这样这只鼹鼠才被迅速掩埋。

现在我开始做格勒迪希的实验了，只是我用鼹鼠取代了癞蛤蟆。这次我将一只鼹鼠绑在垂直于地面的一根树枝上，使它的头和肩与地面保持接触。负葬甲们又闻着食物的香味来了，毫不犹豫地就在鼹鼠身体下面干起活来。它们挖了一个漏斗形状的坑，鼹鼠的头、脖子、眼睛渐渐下沉，垂直于地面的树枝也被它们挖得全部露出来了，最后树枝没有了支撑着的土，倒了，随即鼹鼠被迅速掩埋了。

格勒迪希的说法正确吗？我仍然表示怀疑。负葬甲是故意挖土使树枝倒下的，还是因为挖墓穴挖掉了土，而使树枝倒下的呢？

我有办法弄明白它们的心理。这次我将树枝斜着插入土中，然后绑上鼹鼠，使它的头偏离插树枝处五六厘米的地方接触地面（后来我又改进了这个实验，使鼹鼠头不挨地，结果是一样的）。

那么现在，那些号称最聪明的虫子，会直奔插树枝的地方将那里的土挖

掉，使树枝倒下并顺利获得鼹鼠的尸体吗？事实上没有，它们根本不像格勒迪希所说的那样，挖土的目的是为了推倒树枝。

它们最终也获得了鼹鼠的尸体，只是没用格勒迪希所说的方法。它们先跑到树枝与鼹鼠之间，背靠着树枝不停跟地摩擦，使棍子产生振动，鼹鼠的尸体也跟着摆动起来。不时地，还会有一只侦察兵跑过去查看。这样摇了很久，鼹鼠仍然没能被掩埋掉。后来，它们干脆直接跑到鼹鼠身上，剥它的皮，割它的肉，就地肢解鼹鼠的尸体起来。它们在肢解的过程中发现了绑着鼹鼠的草茎，于是就毫不犹豫地将其咬断，于是鼹鼠掉在地上，它们很快就把它掩埋了。

也就是说，它们最后咬断绳子使鼹鼠掉在地上，并不是有意为之的，而是在肢解的过程中发现了草茎，而草茎是不能吃的，就把它当作不可使用的东西给肢解了。负葬甲们从

没想到草茎断了之后鼹鼠就会掉下来，咬断草茎，只是一种辨别力，辨别出它不是食物，而不是为了使鼹鼠掉下来故意咬断它——这是需要智力的，但它们没有。

我反复地改变实验，用一根铁丝捆住鼹鼠，其他条件不变。这次就没那么幸运了，铁丝咬不断，鼹鼠掉不下来，它们就一直就地解决鼹鼠，用了一个星期的时间将鼹鼠的毛拔掉、皮剥掉，但鼹鼠仍然没有掉下来，它们就放弃了这只食物，而没有像格勒迪希想象的那样挖树枝下面的土使树枝倒下。

因此我认为，负葬甲克服一个又一个困难掩埋掉鼹鼠，并没有运用大脑来推理，只是简单的辨别。

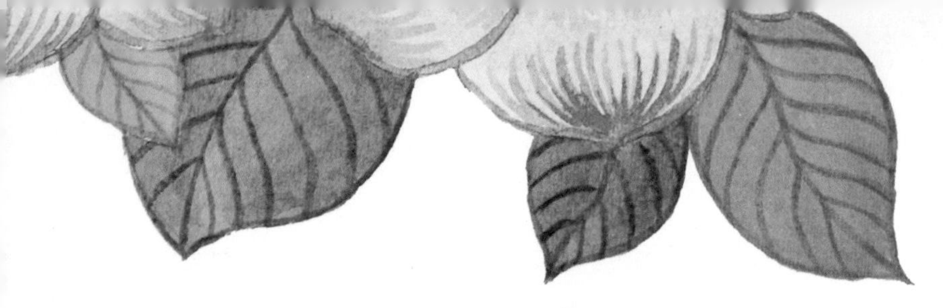

小贴士：有趣的实验

在我研究负葬甲的过程中，做了很多实验，这些实验尽管看来很琐碎，但我却认为很有意义。

比如说，我将一根有分叉的树枝插入土中，用一根比草茎稍结实的麻线捆绑住鼹鼠的两只后爪，然后将鼹鼠放到其中一个叉上。正常来说，只要轻轻将鼹鼠推一下，它就会掉在地上。

五只负葬甲来了，它们只是不停地摇动树枝，但没什么结果。一个侦察兵就跑到鼹鼠身边，发现了那根毛茸茸的麻绳，于是它用背部往这个方向顶了一下，鼹鼠往上升了一点，然后从叉上掉下来了，于是被迅速掩埋掉。

也许别人看到这个实验，会认为负葬甲有智慧，发现只要将鼹鼠往上顶一下可以使之落地，就这样做了。但我仍然不敢轻易认为它是有智慧的，这一次实验算不了什么，我认为是它运气好而已。

于是我又改进实验，用一根铁丝绑住一只麻雀的两只足，然后又把一只老鼠的两个脚后跟系在一起，又在两厘米外将铁丝弯成小圆圈，挂在枝杈上。如果负葬甲有智慧的话，只需推一下这个环圈，食物就掉在地上了。与刚才的实验相比，就多了这一个环圈而已。

这次呢？负葬甲不停地摇动，不停地啃咬铁丝，但没有一点用处。它们没办法对付这个复杂的机械，结果麻雀和老鼠被风干了。

如果负葬甲懂得思考和推理的话，这个实验与上一个相比，难度没有增加多少，只要将东西往上一推就行了，它无意中将鼹鼠推到了地上，但却想不到推一推树杈上的环圈。它们之所以没法掩埋掉第二个实验中的食物，是因为它们不懂得思考，没有智慧，不具备推理能力。

我有的是办法证明负葬甲是没有智慧的。

负葬甲总是被我关在钟形罩下面，当它们埋葬了尸体，将孩子照顾好之后，它们就没有事情可做了，每天就是吃饭和晒太阳。可这样悠闲的日子不是它们所渴望的，闲来无事，它们只能焦急地沿着钟形罩转圈，碰到铁丝网就跌落下来——它们渴望自由。

如果它们有智慧的话，逃跑也是很容易的，因为它们会挖土，完全可以在地下室里绕过金属网，逃出牢笼，它们只需将洞稍微弯曲一下，就能从上面逃出来了。它们不是没有挖掘能力。可我养的14只负葬甲中，只有一只逃出来了。即使这只是侥幸逃脱的，也是偶然逃脱的，不是深思熟虑的结果，否则这么高的智商足够让其他负葬甲也顺利逃脱。

好在智力低下并不是负葬甲的过错，其他虫子例如圣甲虫、粪蜣螂也都会挖土，但它们都只看到眼前的金属网，却没有想到通过挖洞绕过这道障碍，逃之夭夭。还有火鸡，它可以受食物的吸引走过一个狭窄的通道走进笼子，但却不知道沿着原路返回逃出笼子——火鸡与昆虫相比可是高等动物啊，可它的智力也不过如此。

蝈蝈儿、蟋蟀与蝗虫

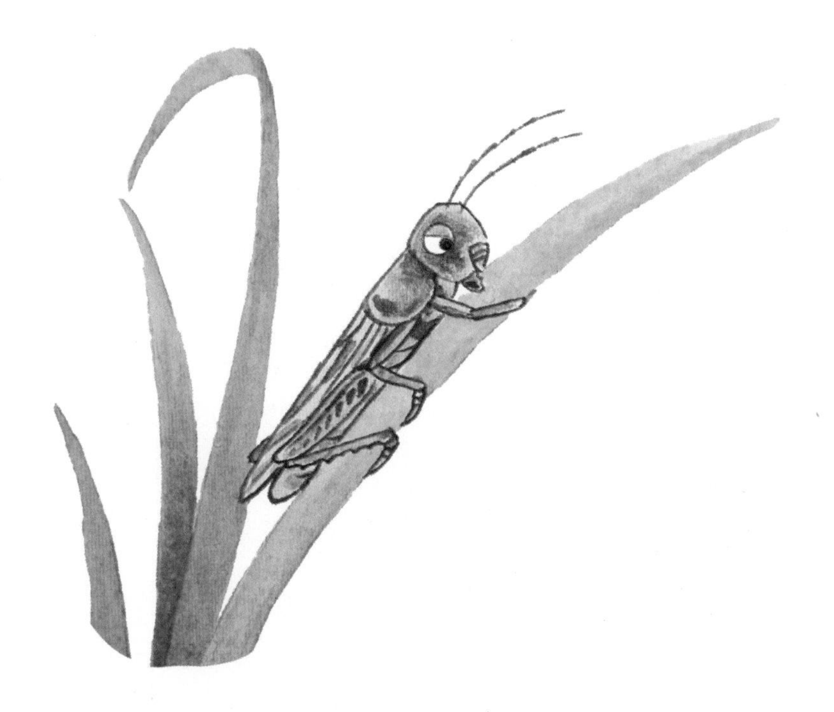

蝈蝈儿的大餐

七月末的时候，我用金属网罩和沙土为白额螽斯（蝈蝈儿的一种）建造了一个窝，里面放了12只白额螽斯。当我将可口的野味放进金属网罩的时候，这群饥肠辘辘的猎人马上就笨拙地扑了过来。有的蝗虫立即被它们抓住了，有的蝗虫则奋力跳到网罩顶上勾住。白额螽斯体型较笨重，无法爬上去，就在下面等着，反正蝗虫在上面时间久了就会累得掉下来，最后仍然成为白额螽斯的猎物。

我发现白额螽斯的捕猎方式与螳螂相似，也是从猎物的脖子上下手。不过蝗虫的生命力比较顽强，即使它的头被咬掉了，它还会逃走。我就曾经见过一个被咬掉半个身子的蝗虫仍然挣扎着跳到一旁。如果是在灌木或草丛中，说不定它早就逃走了。但这样也难不倒白额螽斯，它总是先抓住蝗虫的前腿，然后咬伤蝗虫颈部的淋巴结，这样蝗虫两只有力的大腿就不能动弹了，也就无法逃脱了。不过这种很有杀伤力的捕猎方法白额螽斯并不常用。如果猎物比较虚弱，无力自卫，那么它就可以随心所欲地攻击蝗虫的任何部位。我见它首先攻击过大腿，也从腹部下过口，背部、胸部等等都可能是它口下的第一块肥肉。只有当蝗虫比较难对付时，它才首先咬它的脖子。

可见笨拙的白额螽斯也有一套自己的搏杀技术。

关于它们的饮食，也是一个有趣的话题：蝈蝈儿不但吃蝗虫这样的荤菜，也吃素菜，当我将稻穗、马齿苋的半熟果实或其他嫩菜籽儿拿给它们的时候，它们也嚼得津津有味。不过它们吃素菜也仅限于此，很少吃植物的叶子和茎。我给它们吃莴苣、野苣等绿色植物大叶的时候，它们连碰也不碰一下。

不过相对于素菜，我相信它们更喜欢吃荤菜，甚至也会对自己的同伴下口呢！在金属网罩里，如果某个蝈蝈儿死了，其他蝈蝈儿会像吃蝗虫一样，将自己的同伴一口一口地吃掉，吃得只剩下干硬的翅膀。只是蝈蝈儿不像“祈祷”螳螂那样残忍，将同伴杀死吃掉，同伴死去之后它们才下口。平常同伴之间相处，它们也不像“祈祷”螳螂那样脾气暴躁，大家相安无事，很少发生争吵，只有在争抢食物的时候，才会因为自私和嫉妒而对同伴拳脚相加。

白额螽斯以蝗虫和其他螽斯为食，绿色蝈蝈儿则喜欢吃其他昆虫的嫩肉，如绒毛黑鳃金龟子、松树鳃金龟子，甚至吃体型比自己大得多的蝉呢！在蝉已经休息的夜里，如果你听见它突然高歌一曲，说不定就是被绿色蝈蝈儿捉住而发出的惨叫声呢！

你若想全面了解蝈蝈儿，可以自己捕捉一些来养，不过捕捉的时候要谨防手指被它咬流血。白额螽斯的名字就是Dectique，希腊语的意思是“咬、喜欢咬”，所以一定要小心哦！

婚 俗

天气炎热的中午令人昏昏欲睡，一只雄蝈蝈儿突然站起来，神态庄重地在笼中散起步来，偶尔抬起前翅，发出两声“迪尔——迪尔”的声音，开始鸣唱起来。通常，蝈蝈儿吃饱了饭，就无事可做了，趴在网罩里晒会儿太阳，再哼一首小曲，这就是它全部的生活了。

有人说，昆虫唱歌是为了呼唤自己的爱人，我却不这么认为。蝉已经为我证明了这个问题，蝈蝈儿也会证明。雄蝈蝈儿无论叫多久，它身边的女伴也没有什么反应，有时候是两三个雄蝈蝈儿一起鸣唱，照样没有雌蝈蝈儿出来响应，所以我仍然认为歌唱只是它们对美好生活的满足。

真正的婚礼是没有浪漫的歌声做前奏的。七月末，我发现一对白额螽斯正面对面、脸靠着脸、彼此用触角抚摸着对方。雄虫似乎有些紧张，它擦擦自己的脸，挠挠自己的脚，不时地发出两声“迪尔”。很快它们两个就各自走各自的路。第二天，它们又碰面了，彼此又用触角抚摸了

一下对方，它们说了什么情话呢？不清楚。几天之后，雌白额螽斯抬起产卵管，高高翘起后腿，将雄白额螽斯打倒在地，然后压在它上面，紧紧地勒住它。野蛮女友不顾情人的挣扎，用双腿将自己高高地支起来，使它们的腹部末端弯成钩状接合在一起。过了一会儿，雄白额螽斯努力从肚子里排出一个乳白色的袋子，挂在雌白额螽斯如尖刀一样的产卵管上。然后雌白额螽斯就带着这个袋子离开了，雄白额螽斯仓皇逃离。

这个乳白色的袋子被称作精子包，白额螽斯的卵就从这里产生。雌白额螽斯把身子弯成环状，轻轻用大颚咬着，使袋子里的东西不洒出来。然后，它从袋子表面撕一小块东西，咬到嘴里嚼一会儿，再咽下去。这样一直吃了二十分钟，才将袋子里面的东西吃完。然后，它将这个已经瘪了的袋子从乳液塞子上扯下来，反复揉捏，用大颚咀嚼，最后也把这个玩意儿给吞吃下去了。最后，雌白额螽斯将产卵管垂直半插入土中，努力抬起自己的后腿，使身子与产卵管形成一个三脚架，将还在产卵管上的乳液塞子一点点拔掉，吞下去，再用自己的跗节将产卵管刷洗干净，那里又变得非常干净了，好像从来没有挂过袋子。做完这一切，它又像往常那样吞吃嫩菜籽儿了。

这个场面简直太令人震撼了，我还以为这是偶然事件，结果发现所有的雌白额螽斯都是这样对待自己的丈夫和处理乳白色

袋子的，也许这就是所有白额螽斯家族的婚俗。

至于雄白额螽斯，它虽然没有被老婆吃掉，但命运也不比“祈祷”螳螂的丈夫好多少。它从肚中排出那么大一个袋子，似乎将它毕生的精华都掏走了，这使它看起来无精打采的。现在的它，身体干瘪，全身蜷曲着一动也不动。休息了一会儿，它似乎恢复了精力，重新起立，吃了几口嫩菜籽儿，然后又鸣唱起来，只是歌声没有婚前那么响亮，那么悠长。第二天，它又吃了几口蝗虫肉，体力又恢复了一些，它又开始不断地歌唱。

再重申一次，雄白额螽斯的歌唱不是为了吸引爱人，因为现在它的身体状况已经不允许它再结一次婚。况且，即使有雌白额螽斯过来向它抛媚眼，它也不再理睬，只顾唱自己的歌。只是它的歌声一天比一天无力，两周之后，它就不再唱了，它找了一个安静的角落，终于体力不支倒下来，抽搐了两下，就死去了。它的妻子偶然从这里经过，看见丈夫的遗体，为了表达自己的思念之情，它吃掉了丈夫的一条腿。

这就是白额螽斯的全部婚礼过程。绿色蝈蝈儿的婚礼与这差不多，只是乳白色的袋子变成了覆盆子形状的东西，雌虫仍然吃掉精子包，雄虫婚后依旧歌唱。雄虫用歌唱表达了对美好生活的留恋，然后它就死去。妻子举行葬礼的方式，也是将丈夫身上最嫩的肉吃掉。

迄今为止，有类似奇怪婚俗的虫子还有阿尔卑斯距螽、葡萄树距螽、镰刀树螽，加上白额螽斯和绿色蝈蝈儿，共五种，它们都保存了古代生物的繁殖习性。不同的是，距螽可能会把丈夫整个儿吃掉。

“种”卵

婚礼完毕，雌白额螽斯就要准备产卵了。老实说，如果将螽斯看作一个农民的话，那么产卵过程就像是在播种。

几天之后，卵在雌螽斯体内成熟了，母亲就用六条腿支着身子，将肚子弯曲成半圆形，然后将产卵管垂直插入土中。十几分钟之后，它将产卵管稍微提高一些，腹部剧烈地摆动，使产卵管左右交替地做横向运动，产卵洞就变得大了一些，洞壁上的土就把洞填了起来。然后它又抬高产卵管，再猛地钻下，如此反复多次，洞口的土就被压实了。最后，这位细心的母亲又用产卵管的尖端，将洞周围的土耙了几下，收拾平整，洞口外就没有一丝痕迹了，谁也不知道这里埋着它的卵。

做完这一切，母亲休息了一会儿，产卵管和肚子都恢复到正常的位置。然后它四处转悠了一圈，又回到刚刚产卵的地方，在刚刚那个洞旁边，又将产卵管插入土中，重新产卵。然后它再休息，再在附近产卵。一个小时之内，它这样产卵了五次，每次产卵的地点都与上一个地点挨得很近。

等它产卵结束之后，我挖开上面的土，看到卵就像种子一样躺着，周围没有其他的建筑，这位母亲连一个婴儿室也没为孩子们建造。

据我观察，白额螽斯的卵有六十几枚，都呈椭圆状，长五六毫米，浅灰色，呈梭状排列。其

他螽斯的卵与它类似，只是颜色略有不同。灰螽斯的为黑色，葡萄树距螽的为灰白色，阿尔卑斯距螽的为淡紫色，绿色蝈蝈儿的为橄榄绿。这就说明，蝈蝈儿类昆虫是直接通过产卵管将卵产在土中的，土中没有建造任何婴儿室，所有的卵都像种子一样孤零零地躺在泥土中。

八月底，我将这些卵放到一个铺了一层沙土的玻璃瓶中，然后拿到实验室，以为这样它们就可以避免风吹雨打。可是它们对我好心的安排并不领情，几天过去了，它们仍然那样躺着，并没有孵化。在野外，来年六月，小螽斯已经开始满地爬了，它们在头一年的六月应该已经孵化了呀！为什么我的玻璃瓶中的卵却没有发生任何变化呢？它们为什么会推迟孵化呢？

啊！我想到了。这些卵像植物种子一样被种在泥土中，它们一定也像植物一样，需要雨水灌溉，而玻璃瓶中的卵，躺在干燥的沙土中，怎么会“发芽”呢？于是，我将它们挪到放着湿沙的玻璃瓶中，偶尔往里面滴几滴水——不了解内情的人，还以为我在为什么种子浇水灌溉呢！

我的猜测是正确的，高温天气加上这些水分，卵果然像一粒粒种子一样，慢慢地长大了，前端还出现了两个大黑点，那是它们的眼睛，我相信一个小生命很快就会破壳而出。两周后，幼虫果然出现了，只是它们不像我们通常见到的小螽斯，而是一个长相奇怪的初龄幼虫。初龄幼虫像其他具有二态现象的昆虫一样，担负着钻出洞穴的使命，钻破坚硬的土层之后，它才来到地面，脱掉旧衣服，变成一只小螽斯。

白额螽斯产卵数量不算少，但地球也没有被白额螽斯覆盖。这是因为幼虫在钻出土层的过程中付出了太多精力，很多还没有钻出地面就累死了。即使上面只压着一粒沙，它们可能也钻不出来，很快我就发现它们的身体上长出绒毛，尸体发霉了。在野外，它们的死亡率可能会更高。八月的骄阳仍然十分毒辣，大地被它烤得坚硬如石头，如果不来一场大雨将这坚硬的土地给软化的话，这些初龄幼虫可没有力气钻出地面，只能活活累死在如石头般坚硬的泥块中。

任何生命都来之不易，我们应该尊重每一个活着的生命。

蝈蝈儿的“琴弦”

多数半翅目、直翅目昆虫都会唱歌，如蝉、螽斯、蟋蟀。它们为什么会唱歌呢？蝉的发音原理我们已经弄清楚了，现在看看螽斯是怎样歌唱的。

白额螽斯的歌声刚开始尖锐，像金属声，迪尔——迪尔，中间间隔很久。过了一会儿，声音逐渐抬高，变成快速的清脆声，除了“迪尔——迪尔”的叫声，还有一些连续的低音。声音越来越高，金属声已经消失了，只剩下单纯的摩擦音，声音很快，歌唱成了“浮浮——浮浮”声。它就这样唱唱停停，停停唱唱，一连几个小时。

我翻阅了大量昆虫资料，关于螽斯的歌唱声，只有人提到过镜膜，但没有介绍镜膜是怎样震动的，只含含糊糊地说，前翅摩擦，翅脉之间互相摩擦，除此之外再没有交代别的。

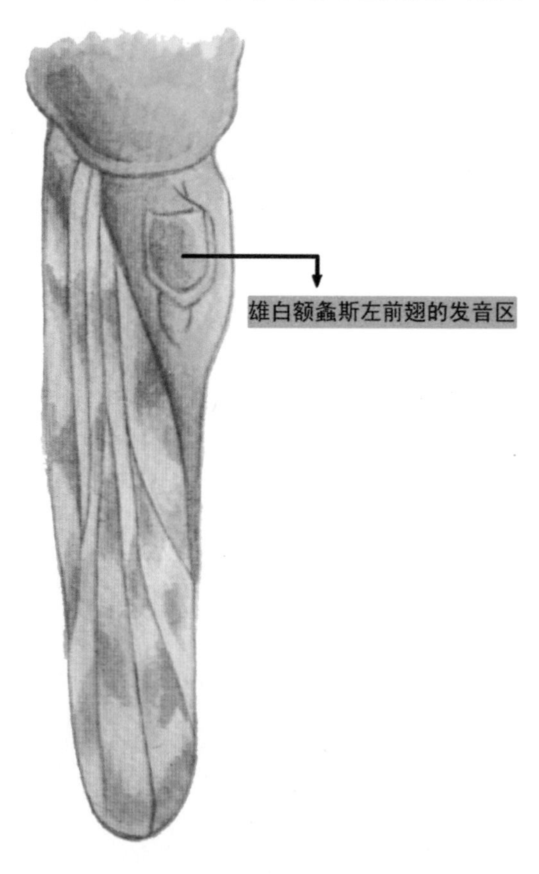

我捉住一只雄白额螽斯，查看它的前翅，前翅的内边缘有一块膨胀的三角地带，这里应该就是它的发音区了。休息的时候，前翅与身体紧紧地挨着，发音区就被掩盖了。镜膜，应该是嵌在椭圆形薄膜上闪闪发光的东西，好像鼓表面的皮。但不同的是螽斯歌唱的时候，它不需要打鼓，也就是说，没有任何东西与镜膜直接接触，身体只要震动一下，就能传到镜膜表面，发出声音。传递震动的东西，是镜膜边缘的大齿，大齿的末端有一个比翅脉还突出的皱褶，皱褶的震动会引起镜膜的震动。

前翅的其余部分就是真正的发音器官了。在放大镜下观察，你会发现左前翅内边缘与右前翅的交接地带，有一条横向略微弯曲的肌肉，上面布满了大大小小的齿条，使这块横条像一把小小的琴弦。琴弦与皱褶互相咬合，就会发生震动，就发出声音来。我稍微掀了一下一只死螽斯前翅的内边缘，将它的琴弦放到皱褶的地方，它又重新唱起歌来。

由此可见，螽斯的歌唱技巧也很简单，左前翅带齿的琴弦是它的发音器，右前翅的皱褶是它的震动点，镜膜是共鸣器。人类的乐器使用了很多能发出响亮声音的薄膜，通过打击使它发出声音，而螽斯比我们更大胆，它直接将琴弦和弓结合在一起发声。

其他螽斯类昆虫也是通过这样的发音原理来歌唱的，最著名的是绿色蝈蝈儿。在“蝉与蚂蚁”这个寓言故事中，我说过蝉这个歌手遭到了诋毁，那个故事真正的主角就是绿色蝈蝈儿，它在夏季唱歌，冬天找麦粒吃。与白额螽斯相比，绿色蝈蝈儿的歌声微弱一些，不仔细听的话，几步之内你根本听不到它在低声哼唱。

令人称奇的是，一般来说歌唱家通常是雄性，雄蝉、雄白额螽斯、雄绿色蝈蝈儿才会表示自己对生活的歌颂；雌性没有发音区和发音器官，它是不歌唱的。但距螽除外，雌距螽有琴弦，也会唱歌。它的发音区不在左前翅和右前翅上，而是在左鳞片和右鳞片上，只不过雄距螽是个左撇子，用左边弹琴，雌距螽是一个右撇子，用下方右翅弹琴。雌距螽的声音比雄距螽要低很多，它虽有琴弓，却没有镜膜，因此声音无法饱满，它的声音与其说是歌唱，不如说是呜咽，况且它并不像雄虫那样经常歌唱，只有被我抓住表示不满时才会发出声音。

螽斯类昆虫长着这样的发音器官做什么？虽然我不否认雌虫在听到这样浪漫的歌曲之后会感觉到甜蜜，但我从来不认为歌声就是为了呼唤爱人而存在的。肥胖的雄螽斯和蝈蝈儿在结婚之后，都会累得筋疲力尽，根本没有精力呼唤自己的爱人再交配一次，但它们依旧会歌唱，直唱到自己精疲力竭。

螽斯类昆虫唱歌表达自己对生活的热爱，让我想起我们人类。工人下班后从工厂回家，会吹着口哨或哼着小曲儿。他唱歌不需要听众，根本就是一种无意识的举动，表示辛劳的一天结束了，家里冒着热气的菜肴正在等着他，这一切让他感到很愉悦。蝈蝈们也是这样，它们用歌声表达自己对美好生活的热爱。

总之，我们不能低估螽斯类昆虫的琴弦，正是它们让草坪充满生机，让昆虫有一个表达情感的工具，让生命充满乐趣。

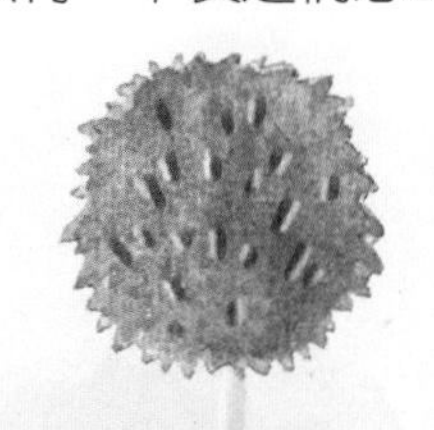

晚间交响曲

七月中旬，天气非常炎热。晚上，全村人都在欢庆节日，漂亮的烟花不断腾空升起。趁着夜晚较为凉快的时候，我独自一人走在外面，静静地欣赏这美丽的夜景。渐渐地，夜深了，蝉不再鸣叫，准备在梧桐树枝上铺床休息。忽然，它像受到惊吓一样发出短促而尖锐的叫声。

如果我没猜错的话，这只准备休息的蝉，一定被热衷于夜间狩猎的绿色蝈蝈儿抓住了。它会拦腰抓住蝉，迅速将蝉开膛剖肚，野蛮地挖出它的肚肠，将里面最嫩的肉吃掉。在梧桐树凶案现场，一定还有歌唱声，只是歌手由蝉变成了绿色蝈蝈儿，夜间歌手取代了白日歌手。

绿色蝈蝈儿的歌唱得实在不怎么样，那声音好像滑轮的响声，又像又干又皱的薄膜在隐约作响，声音低沉喑哑，且不连贯，只有偶尔发出的一声急促的金属碰撞声，才有那么一点儿清脆。即使我将十几只蝈蝈儿一起放到耳边，它们的声音仍然很低。当青蛙和其他昆虫开始奏响夜晚的音乐会时，我才能捕捉到一点点相对柔和的歌声，这就是绿色蝈蝈儿的音乐了。相对于青蛙的聒噪，我更喜欢绿色蝈蝈儿的小夜曲，它是那么的温柔、恬静，与迷茫的夜色非常谐调。

可惜，由于它的声音太低的缘故，在音乐排行榜上，它只能排在邻居蟾蜍后面。蟾蜍也喜欢在梧桐树上高歌，发出呷呷的声响，远远压过了蝈蝈儿那喃喃自语般的低吟。

在国庆这个晚上，全村人都在庆贺，蟾蜍也像凑热闹一般，在微微的凉风中奏响它们的交响曲。它们大都蜷缩在花盆中间，但这并不影响它们歌唱的激情，一个比一个叫得欢，每一只都在高歌，有的声音低沉，有的尖锐，但无一例外，它们的声音都非常干净，音质很纯。十几只蟾蜍就像聊天一样，彼此互相唱和，单调的乐曲也变得丰富多样起来。整个晚上，我远离欢闹的人群，沉浸在它们美妙的乐声中。

夜晚是休息的时候，也是昆虫们集体狂欢的时候。在七月的薄暮中，除了蟾蜍的铃铛声，同样悦耳动听的还有长耳鸮，它姿态优雅，额头上有两根羽毛触角，因而被冠以“带角猫头鹰”的称号。它也是一个优秀的歌手，

喜欢对着月亮发出“去欧——去欧”的叫声，声音非常响亮，在万籁俱寂的夜晚尤其如此。村里的人都在高兴地放着烟花，它被吓得不敢在广场的梧桐树上歌唱了，飞到我近前的柏树上，加入了蟾蜍的大合唱。它是如此热情，竟然打断了蝈蝈儿和蟾蜍杂乱无章的演奏会，压倒了它们的声音。这时候，远处又传来几声猫叫声，与这大合唱相辅相成，真是热闹极了。

而今晚的主角，绿色蝈蝈儿，在这一片吵吵嚷嚷中，声音更加听不清了，只有其他歌手唱累了，稍微休息一下的时候，我才能听到它那温柔的歌声。我刚要赞美它的小夜曲，另一只歌手又来打扰了，它就是纤弱的意大利蟋蟀，它的抒情曲要比绿色蝈蝈儿的小夜曲优美动听得多。

在这个欢庆的日子，全村人都在庆祝，狂欢，吵吵嚷嚷的。我躲过了人们的喧闹，却没有躲过昆虫们的吵闹，这些出类拔萃的歌手才不管什么政治理念，只顾歌唱自己的美好生活，为盛夏的骄阳而欢呼，为夜晚的静谧而欢唱。我们习惯以烟花来表示我们的高兴，它们为什么不能用歌声来表达它们的喜悦？即使有一天烟花不再燃放，只要有太阳的照耀，这些歌唱家仍然可以拉起它们的小提琴，奏出最美的乐章！

声音是怎样进化的？

昆虫的歌唱，让我想起另一个问题。

进化论者认为，生物在不断地进化，有利于生存竞争的特点被保留下来，不利的、没用的则被丢弃。所以人类这样的高等动物应该拥有所有生物的优点，最高智商、最会捕猎、最懂得一切生存技巧。相反，最卑微的生物，由于进化不够深入的缘故，是智商最低、最不擅长生存、最不懂得生存艺术的生命。

以声音来说吧，人类应该拥有最复杂的声音，使之能表述自己的思想，能协调它使之变为歌曲。那么在很久很久以前，人类刚出现的时候，他们捕猎归来举行宴会的时候，会发出什么样的声音？他们懂得音律吗？会唱出一首优美的曲子吗？肯定不会，他们只会像动物一样，发出干吼声。

社会在慢慢进步，人们的音乐制作水平也跟着进步，于是人们往一根

枝条里吹气，往大麦秸里吹气，发明了笛子和其他管弦乐器；将手掌并拢，用手指捏着蜗牛壳，发出哨子般的声音；用树皮卷成角状，发明了喇叭；将几根细肠子放在葫芦的空肚子上，发明了弦乐器；将羊的膀胱绑在框架上，发明了鼓；将两块卵石彼此有节奏地相撞，发明了响板……最原始的音乐器材，应该就是这样逐步发明出来的。古希腊牧歌诗人忒奥克里托斯可以证明，他在自己的作品中说："西尔维斯特用细小的麦秸秆进行演奏。附近的小孩子，也曾用一片洋葱叶做成一个类似纺锤肚一样的'乐器'和一个没有成熟的芦竹秆为我演奏过乐曲。"

这些简易乐器发出的声响虽然不够优美，甚至可以说单调，但这些声音却给我留下了深刻的印象，因为它们算得上是人类最古老的音乐史料，是人类音乐文明的伟大开端。这样简单但却伟大的开始，不仅仅我们人类懂得，动物也懂得。

比如哺乳动物，它们会嚎叫，会发出"哞""咩""嘶""吼"等声音，但也只是单调的声音，而只有人类才懂得灵活运用语言，会说话，会唱歌。比哺乳动物还要低等的生物，应该是鸟类、青蛙等会鸣叫的动物，再往下就是昆虫了。

昆虫没有声带，便发明了其他发声工具，如螽斯和蝈蝈儿的琴弦，如各种鞘翅目昆虫的摩擦，只是摩擦的声音很低不容易被人发现而已。还有一些昆虫，如蜜蜂、苍蝇、金龟子等，则能通过摩擦发出声音来，这说明它们具有高等器官，属于较高级的生物。可是，像金龟子这样的鞘翅目昆虫却不具备螽斯和绿色蝈蝈儿这样的琴弦，只有蝉、螽斯、蟋蟀这样的直翅目和半翅目昆虫才有琴弦。而直翅目和半翅目出现的年代要比鞘翅目昆虫出现得早，进化不及后者多，比后者低级。

为什么高级动物不具备的音乐器官，低级动物却拥有？声音到底是怎么进化的？如果说越高级的动物发声器官越全，那么就声音这一点来说，人类是高等动物这个说法还解释得过去。蝉、螽斯、蟋蟀等应该比蜜蜂、苍蝇、金龟子等更高级，因为它们具有发声的琴弦。它们甚至比我们人类还高等，我们也只有后来才发明管弦乐器，它们的前翅那里却天生长着琴弦。可根据化石资料上提供的生物出现年限，蝉、螽斯、蟋蟀等昆虫出现的时间要比人类早得多，也比蜜蜂等鞘翅目昆虫早，所以它们应是最低等的生物。

用声音的进化来解释，蝉、螽斯、蟋蟀等昆虫属于较高等的生物；从生物进化年代来讲，它们又成了最低等的生物。这不是矛盾了吗？因此，生物的进化，并非中等淘汰掉低等、高等淘汰掉低等那么简单，我看到的进化程序是一会儿飞跃，一会儿倒退，一会儿又持续发展，不是低等逐步发展到高等，也不是绝对化的弱肉强食、天赋高的消灭天赋低的，生命不该如此简单。

小贴士：你能分清蝈蝈儿、蛐蛐儿和蟋蟀吗？

你知道吗？很多人分不清蝈蝈儿、蛐蛐儿、蟋蟀，有的人甚至搞不清蝗虫与它们是不是亲戚。闹出这样的笑话，也不能说他们生物知识贫乏，实在是因为这几种昆虫的外形有些相似，生活习性也很相似。

蝈蝈儿就是螽斯，前者是常用名，后者是学名，它的故事我们已经讲完了，这里就大致补充一些另外几种昆虫的资料。蛐蛐儿属于蟋蟀科，换言之，蛐蛐儿一定是蟋蟀，蟋蟀不一定是蛐蛐儿。而蝗虫，则完全属于另一种昆虫，又叫蚂蚱。如果实在搞不清楚，可以看看它们的肖像画。

蟋蟀最惹人注目的是它的房子。它曾借助诗人的笔自豪地说：我非常喜欢我深深隐居的地方。博物学家雷沃米尔曾为它作诗一首，高度赞美它主动建造房子的勤劳，而蝴蝶却只懂得在花丛中玩耍，最后被淹没在狂风暴雨中。在雷沃米尔笔下，蟋蟀成了远离尘世喧嚣的隐者，总是隐居在草丛中，建造一个舒适的家，终日拉着小提琴，它的洒脱，它的睿智，令人叹服。

我也要赞美蟋蟀的房子。因为其他昆虫建造房子，是不得已的，是为了给后代营造一个生存环境，很多昆虫因此随便找一个遮风挡雨的地方，简单装修一下就完了，如壁蜂、采脂蜂、黄斑蜂们。而蟋蟀建房子，却从来不这么马虎，它也瞧不上蜗牛壳、芦竹这样偶然碰到的隐蔽场所，总是刻意选一个向阳并且干净的地

方，然后自己一点点挖出一个隐秘的通道来。更令人称奇的是，它的房屋附近，其他任何动物都不可以在此安家，也就是说，任何寄生虫都休想将自己的卵产在它的家里或在其中搞破坏。即使贪玩的小孩子发现了它的洞口，妄图用一个麦秸秆将它引出来捉住，可只要被它识破，逃脱了，它就再也不会上当，除非往它的洞里灌水。

实验室里蟋蟀的成活率比较高，我曾经捉了十几只蟋蟀，后来它们生了五六千个孩子，我的实验室就没有地方了，只有将它们放掉。不过没想到这些小幼虫被放到荒石园中以后，蚂蚁、蜥蜴纷至沓来，就像对待“祈祷”螳螂的卵一样，毫不留情地将它们杀死了很多。即使侥幸逃脱，但是长大以后，还有黄足飞蝗泥蜂的麻醉针等着它们。即使如此，它们依然喜欢在荒石园中自由自在地流浪，直到十月末天气变冷的时候，它们才开始在草丛中或剩菜叶中造窝，一直造到来年春天。

在音乐造诣方面，蟋蟀与蝈蝈儿一样，也是一位优秀的歌唱家，喜欢唱着“克里——克里”的曲子。它的发音原理与蝈蝈儿类似，发音区也在前翅附近。只是它的音乐要比蝈蝈儿动听一些，甚至可以与

歌唱家蝉相媲美，并且比蝉的声音更清脆，更有抑扬顿挫之美。

蟋蟀的婚俗，则和“祈祷”螳螂相似：妻子会吃掉丈夫，只是过程要和缓一些。所有蟋蟀平时都过着独居生活，只有在婚后才会生活在一起，不过夫妻之间显然不和睦，暴躁的妻子总是殴打丈夫，结果丈夫不是今天掉一条腿，就是明天少一个翅膀，如果无法逃走，它最后就成为妻子的盛宴——这一方面与“祈祷”螳螂相似。交配完成后，雌蟋蟀会得到一个还没有大头针头那么大的细粒粒，这是精子托，小蟋蟀就从这里出生。

蝗虫则属于蝈蝈儿的近亲，它与蝈蝈儿的外观非常相似。所不同的是，蝈蝈儿会咬人，会唱歌，体色一般为绿色；蝗虫一般成群出现，不咬人，喜欢跳跃，它不会唱歌，但会摩擦前翅发出轻微的声音，体色种类比较多，是害虫。在生物链中，蝗虫虽然扮演着农业害虫的角色，但也有它存在的好处，比如说可以给母鸡吃，好让母鸡为我们下蛋，人们在饥饿的时候，也可以把蝗虫当作食物。

在婚姻方面，蝗虫虽然是蝈蝈儿的近亲，但却没有蝈蝈儿那样奇怪的婚俗，妻子不会强迫丈夫排泄出精子包，活活将丈夫累垮，更不会吃掉丈夫排出的精子包。蝗虫夫妇举案齐眉，相亲相爱，规规矩矩地交配，没什么令人震惊的地方。雌蝗虫也是将卵产在沙土中，它的丈夫会在它全心全意生孩子的时候在旁边担任警卫的工作。产卵过程则与蝈蝈儿相似，不同的地方在于，卵没有被孤零零地产在土中，而是由囊形泡沫裹起来，与“祈祷”螳螂相似。

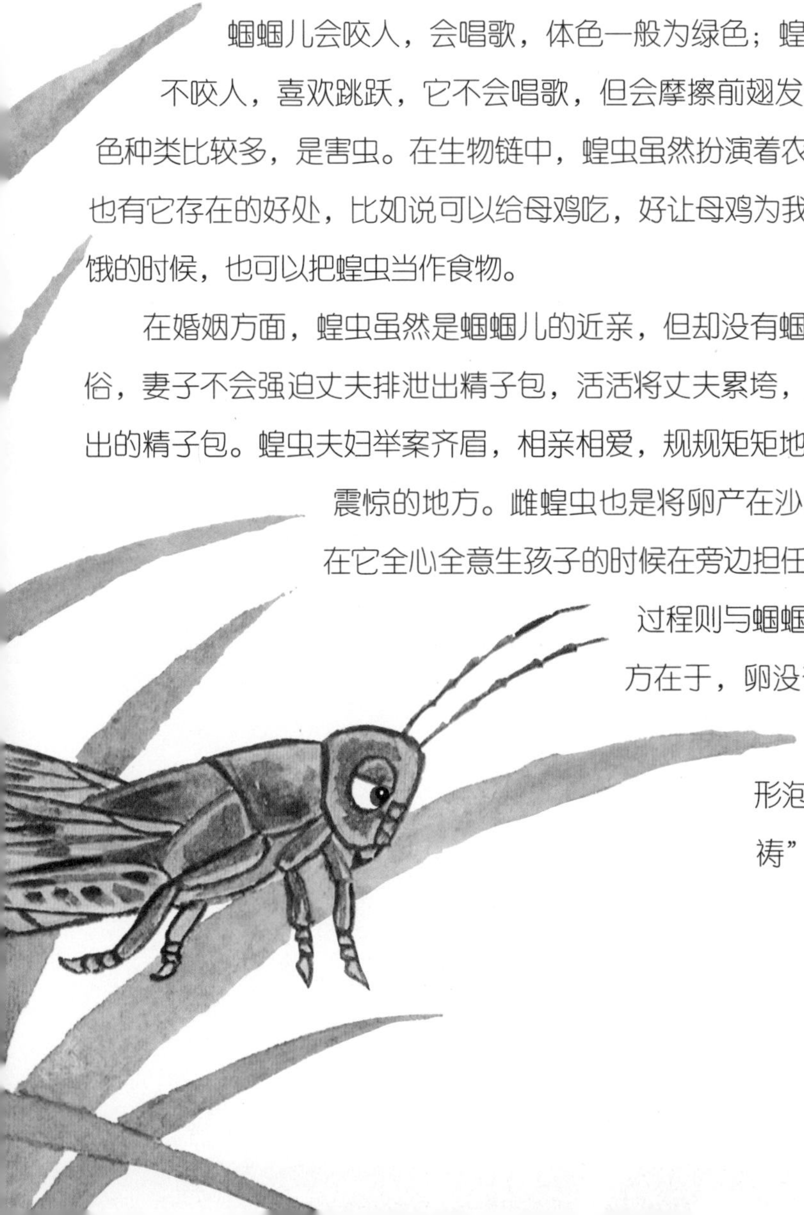

“装死”的虫子

狂热的杀手

对不了解步甲的人来说，相信他第一次看到这种举止优雅容貌俊美的昆虫，一定会对它大加赞赏。我会忍不住警告他：不要为它的表象所迷惑，它在昆虫王国中可是一个杀人不眨眼的狂热杀手！

我准备了一个铺着沙子的笼子，里面按照步甲的喜好稍微布置了一下，然后放进去几只步甲，最后，将它们最喜欢的蜗牛扔了一只进去。这些狂热杀手原本躲在陶瓷碎片下面，可一看到蜗牛，立刻飞奔而来，蜗牛害怕地伸了一下触角，立刻就缩回去了。步甲望着硬壳里的蜗牛，扫兴地走开了，并没有做过多的努力。于是我把蜗牛的外壳剥掉了一块，立刻就有部分蜗牛身体暴露在外了。等待蜗牛的命运是什么？五只步甲一拥而上，先将露在蜗牛壳外面的肉吃光，然后又用大颚咬着一些碎肉扯来扯去，将壳下面的肉也吃得精光，一直吃到自己的肚子鼓得托起鞘翅，暴露出尾部，它们才心满意足地离开。如果我将一只剥了壳的蜗牛扔给它们，这群贪婪的家伙很快又会一拥而上大快朵颐。

在另一个笼子中关着一只步甲，我连续几天不给它喂食，然后送它一只松树鳃金龟。松树鳃金龟看起来可比步甲强壮得多，但它的性格却要比面前这个杀手温和得多，可温柔会害死它。步甲绕着这个松树鳃金龟转来转去，

瞅准机会就向猎物冲去，一下子就将它打倒在地，然后就将自己半个身子扑上去搜索它那肉质鲜美的肚子，很快就将松树鳃金龟开膛剖腹吃得只剩下一副骨架。

步甲还敢于捕食大孔雀蛾的幼虫，不过场面太血腥了。大孔雀蛾幼虫已经被捅破了肚子，痛苦地扭动着身子。杀手仍然不放手，它突然将猎物托起，再抛下。然后，这个杀人狂跺跺脚，张开大嘴在大孔雀蛾幼虫的伤口处大口吸吮起来。

它已经吃饱了，我又给它扔了一些绿色蝈蝈儿和白额螽斯，这两个猎物都有强劲有力的大颚，非常难对付。但步甲仍然不以为意，来一个杀一个，来两个杀一双，绿色蝈蝈儿和白额螽斯这样的庞然大物，很快也被它吃得只剩下骨架。

它甚至敢于进攻个头很大的蝉呢。一只大头黑步甲刚造好窝，在洞里正昏昏欲睡，我放蝉的时候发出一些动静，它马上就出来看发生了什么事。当它那小小的眼睛看到这么巨大的蝉时，激动得触角都颤动起来。它小心翼翼地爬出来，当确认没危险时，就猛地跃出来，抓住蝉就往自己的窝里拖。

刚开始蝉的翅膀还扑腾两下，一会儿就不动了，大头黑步甲已经将它拖到客厅里肢解吃掉了——它是如此贪婪，它冲过去的时候，爪子与蝉还有一段距离，它就迫不及待地伸爪准备捉了！

更恐怖的是，金步甲对自己的同类也是如此凶残。某只金步甲如果残废了，其他金步甲立即就被它的孱弱所吸引，疯狂地将它宰杀，吃掉。雌金步甲在交配完毕之后，刚才的柔情蜜意立即转化为厌恶，它会残忍地掀开它丈夫的鞘翅顶角，从背后咬住它的腹部。丈夫对自己的妻子非常宽容，并不想与之纠缠，只想快些逃跑，但基本上都逃不出妻子的手掌心，被妻子当猎物吃了。我的实验室里原本有25个居民，现在所有雄性金步甲都被妻子咬死吃掉了。为了避免家庭惨案，我尽量为每个家庭提供足够多的猎物，确保妻子不会饥饿，但丈夫最终依然会被吃掉，这就是金步甲的婚俗。

我会经常变换金步甲的食谱，发现只要它能打过对方，不管什么肉，它都吃。我曾切了一块鼹鼠肉给它们，也被疯狂抢吃一空。只有鱼肉，不知是味道太奇怪了还是怎么的，它们拒绝了。其余的肉，不管来自谁身上，毫无例外被这架肉品加工器给吞吃干净了。总之，对步甲来说，生活的所有意义就是不停地吃肉，吃肉。

对这个杀手的暴行，我观察过很多次。猎物魁梧也好，彪悍也好，张牙舞爪也好，都吓不倒它，它天生就是一个天不怕地不怕的冷血杀手，最终一定会将猎物开膛剖腹，毫不留情地吃光它身上最肥美的肉。这么残忍的杀手，如果生活在人类社会，我真不敢想象是一副什么样的情景。

作为昆虫王国中的一员，它的职业就仅限于杀手吗？除了凶狠残暴地屠杀，它还会干什么？它还有什么值得我大书特书的地方呢？

装 死

除了屠杀，它还会装死，人们这样告诉我。

据说，当步甲意识到自己陷于危险时，就仰面朝天躺着，将爪子收起来，一动不动地装死。鸟儿不喜欢吃死去的虫子，就放过了它，于是它就逃过一劫。

步甲的确是在装死吗？我把它夹在手指中转着摆弄一会儿，或者将它从高处扔下来，它都一动不动，爪子缩到腹部，触角展开，看起来确实已经死

了。可50分钟或者等更长时间之后，它的跗节微微颤动起来，唇须和触角开始缓慢地摆动。接着，它的爪子开始动，腰弯曲成肘形，使劲用头和背部撑起身体，转过身来，然后就迈着小碎步逃跑了。

我又骚扰它，它马上又仰面躺下，一动不动地装起死来，这次“死亡”的时间比刚才要长一些。它再次苏醒后，我又进行了好几次同样的实验，装死的时间段越来越长。例如我曾对一只大头黑步甲做了五次实验，五次装死的时间分别是12分钟，20分钟，25分钟，33分钟，50分钟。装死时间为什么会逐步延长呢？是不是它觉得敌人过于狡猾，因此采取更长时间来骗过敌

人呢？

并非如此。对同一只步甲实验次数如果太多的话，它似乎觉得装死也不起作用了，当我第六次、第七次摆弄它时，它就不再装死了，而是仰躺之后很快翻身起来逃走，再也不陪我玩了。

这些现象告诉我：步甲遇到危险确实会装死，为了迷惑狡猾的敌人，它会将装死的时间延长，当它觉得装死不再有用时，干脆不再玩花招，直接逃走。

事实真的是这样吗？这个凶狠的杀手什么时候变得这么胆小起来？除了像我这样无聊的人为了研究实验不断摆弄它，还有谁会威胁它呢？是鸟儿吗？

鸟儿确实喜欢吃虫子，但我不认为鸟儿看到虫子死了就没了胃口。一只蝗虫或一只苍蝇躺着一动不动，觅食的麻雀和翠鸟看到之后，只要觉得肉还新鲜，一样会低下头来啄着吃掉，我从来没见过它们因为虫子死掉了就不肯吃了。况且，鸟儿不像熊那么笨，它那锐利的眼睛一下子就能识别出昆虫装死欺骗的伎俩。所以步甲妄图通过装死逃避被吃的厄运，这个说法不成立，不管它是真死还是假死，只要肉还新鲜，鸟儿发现后一定会吃掉。

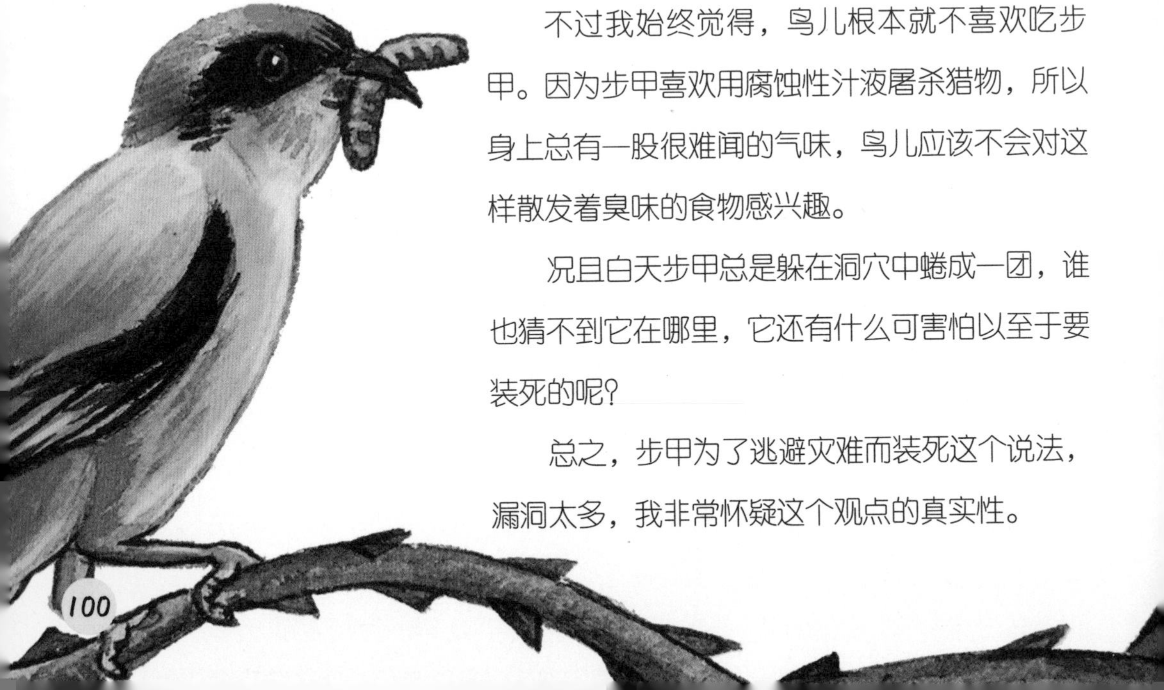

不过我始终觉得，鸟儿根本就不喜欢吃步甲。因为步甲喜欢用腐蚀性汁液屠杀猎物，所以身上总有一股很难闻的气味，鸟儿应该不会对这样散发着臭味的食物感兴趣。

况且白天步甲总是躲在洞穴中蜷成一团，谁也猜不到它在哪里，它还有什么可害怕以至于要装死的呢？

总之，步甲为了逃避灾难而装死这个说法，漏洞太多，我非常怀疑这个观点的真实性。

真相

好吧，暂且认为它就是在装死吧，我现在就为它设一个局，试一试它。

我将步甲装进钟形罩盖住，然后离开，这样它就彻底看不到我了。我在屋外待了20分钟之后才进屋，它仍然保持着刚才装死的姿势。40分钟之后我再进去，仍然如此。

为什么它还保持着装死的姿势呢？被钟形罩盖住就好像居住在自己窝里，什么危险也不会有，它没必要再害怕，也没必要再装死了呀！类似的实验我做了很多，但无论我是躲开，还是看着，它都会装死。

步甲有很多种类，我对多种步甲都做过实验，发现了一个有趣的现象：个头较大的步甲，装死的时间较长；个头小的步甲，装死时间较短，甚至根本就不装死，倒地仰卧后很快就起身逃走。

大头黑步甲正仰面躺着装死，我放了一只苍蝇进去骚扰它，苍蝇触它，它的跗节就像过了电流一样，轻轻颤动一下。如果苍蝇没有进一步举动，它就躺着不动，如果苍蝇坚持骚扰它，它就马上抖动六只脚，翻身起来逃跑了。苍蝇这么小，对它完全构不成威胁，它为什么要逃跑呢？

我又放进一只个头跟它一样大的天牛来骚扰它，结果仍然是一样的。稍微碰一下正在装死的它，它的足就会轻轻颤动一下，如果不断地骚扰，它就马上站起来逃走。

我又使劲碰撞大头黑步甲躺着的桌子，桌子轻轻震动了一下，它的跗节就弯曲一下，轻轻抖动一会儿。每撞击一下桌子，它都会有这样的举动。

然后我又试试光的作用。它原本躺在不太明亮的房间里，我将它移到光线强烈的地方，它马上就翻过身来逃之夭夭。

以上这些现象告诉我，当苍蝇坚持趴在它的身上想吸它的汁液时，它会马上起来逃走；当长相奇特的天牛出现在它的视线之内时，它也会马上起来逃走；当桌子轻微震动时，它认为洞穴发生了地震，也要逃走；当强烈的光线请它享受日光浴的时候，它害怕敌人趁着光线谋害它，也要选择逃走。

这些说明了什么呢？它根本就是个傻瓜，如果装死是为了逃避灾难，敌人、震动、光线对它来说都是灾难，那么它遇到这些情况时就应该保持着装死的姿势，一动不动才是最安全的，但它却选择了立即起身逃走。所以，刚才它根本就不是在装死，而是真的站不起来，看到危险降临，它才惊慌失措地逃走。

真相再明白不过了，刚刚它一动不动并不是装出来的，它根本不明白什么是装死，它只是暂时麻木而已，正是敌人、震动、光线的刺激使它重新苏醒，仓皇出逃。

复活与死亡的意义

我又请教了吉丁，它也是一个喜欢装死的家伙，不知道什么时候，它就会收拢起自己的爪子，压低触角，一动不动地躺一个多小时。可是只要我将它移动到光线强烈的地方，受到光线的刺激，它马上就复活了。如果不是我眼疾手快抓住它的话，它就飞走了。与步甲所不同的是，吉丁喜欢光线，起身之后会享受几秒钟日光浴，这又让我想到另一种实验方式。

既然吉丁喜欢高温，喜欢光线，那么它在装死的时候，将它放在冰冷的环境中，它的装死时间就会更长。实验证实了我的猜测，吉丁在冰凉的环境中一动不动待了5个小时，如果不是我不想等待，它可能还能这样待更长时间。

我在其他昆虫身上也发现了类似装死的现象，只不过有昆虫喜欢温暖和阳光，在冰凉的环境中装死的时间长一些，那些不喜欢阳光的，则待的时间短一些。

我还用了化学方法，将粪金龟和粉吉丁同时放进有乙醚蒸气的玻璃瓶中。这些乙醚蒸气让它们昏昏欲睡，在很长一段时间里都保持不动，看起来跟死了一样。当我将它们取出来放到太阳底下晒的时候，它们的跗节很快就能抖动了，唇须也跟着颤抖起来，它们站起来活动活动筋骨，慢慢就恢复了正常。

需要说明的是，并非所有的昆虫都有这样假死的状态。叶甲只假死几分钟就苏醒过来，黑绒金龟翻个跟头之后马上就站起来，琵琶甲则假死两分钟，而葬甲、象虫等昆虫假死几分钟、几秒钟时间不等，我无法断定哪一类昆虫会发生假死状态，哪一类不会。

实验到这里也要告一段落了，昆虫之前确实处于类似死亡的状态，但也只能说是假死，只要有震动、光线、温度等外在条件的刺激，它们会重新恢复活力，重新活过来。但我们却不能将它们先“死”后生的状况称之为“装死”。

况且，即使没有上面这些实验，我仍然有办法证明步甲根本不会装死。

昆虫想要装死，就要明白什么是“死亡”的意义。有哪种动物能预知自己的未来吗？它们那有限的智力，知道什么是生命末日吗？不会的。人类的崇高，就在于有对生命最后时刻感到不安的知觉，只有人类才懂得死亡的可怕，才为将长眠于地下而焦虑。卑微的生物却不会有这种不安。它们只懂得享受现在的生活，不会懂得未来。这就是思想成熟者与没有思想者的对比。

综上所述，我认为，步甲虫根本就不是在装死，它也不懂得什么是装死，它那些奇怪的表现，只能用“暂时的一动不动”来形容。

休克

我小时候曾与小伙伴们玩过这样的恶作剧：趁农妇不在的时候，捉住她的火鸡，将它的头压在翅膀下面，反复地摇晃一会儿，然后它就侧卧在地上，一动不动了。等农妇回来的时候，整群整群的火鸡被我们弄得侧卧在地或奄奄一息，农妇气急败坏地拿着棍子来捉我们的时候，我们哈哈一笑就逃得无影无踪了。

这是我童年最快乐的时光之一，今天，我会重玩这个游戏。家里刚好有一只火鸡，这是为圣诞节准备的。我仍然将它的头埋在翅膀下面，然后从上到下摇晃它，一会儿它就侧卧在地上，一动不动了，随便我怎么碰它，它也

不再有反应，爪子也变得冰凉，收在肚子下面，看起来好像死了一样。

一会儿，火鸡醒了，它站起来，尽管身子还有些摇晃，尾巴也还窘迫地悬垂着，但它毕竟醒过来了。不过这样落魄的神态只持续了一会儿，很快它就恢复了生机，像没发生过任何事情。

为了证明这不是偶然事件，我对这只火鸡又做了好几次实验。它多次出现那种类似死亡的状态，有时候持续半个小时，有时只有几分钟，但最终都会醒来，这种情况跟装死的步甲是一样的。

后来我又用珠鸡做了同样的实验。它假死了很长时间，甚至没有呼吸，我还以为它真的死了呢。可当我挪动它的时候，它的头抽了出来，身体站直了，平衡一下，很快就逃走了。我又用鹅做实验。这个家伙的脖子那么长，它像个骄傲的长颈鹿一样顶着脑袋对我嘎嘎叫，我毫不客气地将它的头压到翅膀下面，然后摇晃它，很快它也悄无声息了，不过最终它自己总会醒来。

我还用了母鸡、鸭子、鸽子、翠雀等动物做实验，结果仍然是一样的，它们都会发生短暂的假死现象，只是持续时间较短罢了。

难道说这些动物也是在装死吗，是为了欺骗我而耍弄花招吗？它们根本不懂得装死，只是被我折磨得……用个什么词好……折磨得休克了！那些昆虫也是休克了。

昆虫和上述那些动物的休克状态非常相像，都有死亡的迹象，都麻木不仁，肢体都会抽搐，也都会在受到外界刺激后终止休克状态。只是刺激昆虫的是震动、光线等条件，而刺激上述那些动物醒来的条件是声音。

至于它们为什么会发生休克，原因很简单，看看我们人类就知道了。人受到突然的打击或恐惧时，会突然瘫痪、血压上升、休克，娇小敏感的昆虫，为什么就不会被突如其来的危险和恐惧给弄休克呢？它们当然也会。

蝎子会自杀吗

昆虫不懂得死亡的意义，所以不会装死，更不会以自杀这种方式来表示自己的绝望。我相信没有任何一个动物有这样高深的智慧和天赋。

然而，我却听到一个关于蝎子的有趣传闻：一只蝎子被火圈包围了，心里极度悲伤，为了避免火刑，它亮出毒针，向自己的身体蜇去，它自杀了！

自然界真有这样滑稽的事吗？

我捉了二十多只白蝎子，将两只最强壮的蝎子放到一个铺着沙土的广口瓶中，不断用一个麦秸秆挑逗它们，使它们打架。它们都将我的麦秸秆归罪于对方，毫不犹豫地与对方厮打起来。一会儿，一只蝎子被对手的毒针蜇中，它很快就倒下了。胜利的那只蝎子将战败者的头和胸部给吃掉了，这个过程用了四五天。

撇开搏斗的过程不讲，我了解到这样一个事实，一只蝎子的毒针可以让另一只蝎子死于非命，它完全可以用自己的毒针实现自杀。接下来我的研究方向，就是看它会不会将毒针刺向自己。

我又挑选了一只最强壮的蝎子，将它放到炭火中间。真的好热呀！它一边后退一边转圈，周围都是火，它盲目地转来转去，不知道怎样解救自己。它曾试着逃跑，但很快就被烧伤了，只要它一想逃跑，烧伤就来得更快一些。现在该怎么办？它看起来很愤怒，很绝望，不停地挥舞着自己的毒针，想刺向谁，但又找不到对象。它是那么匆忙，那么慌乱，我根本看不清它将毒针刺向哪个方向。

突然，这个备受火刑煎熬的蝎子，突然抽搐了一下，身子伸直，躺在地上一动不动了，看起来像是死了。也许在绝望之余，它将毒针刺向了自己，选择了自杀，不过我没看清。如果它真的自杀了，那么它一定会死，它的毒针既然可以杀死一只同类，也一定可以杀死它自己。

我小心翼翼地用镊子将它夹起来，放在沙土上，一个小时之后，奇迹出现了，它竟然活了过来，跟实验前一样强壮。我又用第二只、第三只蝎子做实验，实验结果仍是如此。

很明显，蝎子并没有自杀，它只是被火烤得太难受，或者说太愤怒，急火攻心，昏倒了，休克了。如果人们在发现它昏倒之后将它救出来，很快就会发现它又活过来了。

相信蝎子会自杀的人，真是太有想象力了，蝎子怎么会懂得自杀呢？正如步甲不懂得死亡为何物一样，蝎子也不会明白自杀的意义。懂得用自杀结束生命的高级精神力量，只有人类才会有。

小贴士：老练的挖井者

你知道吗？步甲也是一个老练的挖井者。

四十年前，我在回家的途中，看到蜗牛们成群结队地到禾本科植物上睡觉，附近的沙土上留下一列长长的痕迹。

这些痕迹是谁的“脚印”呢？我跟随着它们去找，在痕迹的终点处挖掘，就挖出了一只大头黑步甲，这还是我第一次认识它。我将它放到沙土中，它歪歪斜斜地走，果然与我原先看到的痕迹一模一样。我看到它的时候是凌晨，说明这些歪歪扭扭的痕迹是夜里留下的，它应该是寻找食物去了，因为痕迹的另一头尚有它最爱吃的蜗牛肉。

我将黑步甲放到桌子上，它立刻摆出一副防御的架势，张开吓人的大颚，看起来高傲，令人生畏。我将它放到一个铺了一层沙土的短颈大口瓶

里。它很快就在沙土上挖起洞来，像一个真正的挖井者一样，弯下头，伸出铁镐般的大颚，使劲地刨土、翻地。它的前爪上有钩，它就用这些钩将挖出来的土聚拢起来向后推，身后很快就立起一个小沙丘。工程在不断进展，井也越挖越深，挖到广口瓶底的时候，它不再向下挖了，拐了一个弯，向广口瓶的内壁挖了30厘米，这才停了下来。

透过玻璃瓶，这个地道很清楚地展现在我面前，我可以密切监视它在家的一举一动。完成上述工程之后，它回到入口处，在这个地方稍稍加工一下，使竖直的洞口像一个漏斗，上大下小，不会造成塌陷。然后它就在地道的前厅里一动不动地待着了。

我投进一只蝉，黑步甲听到动静，小心翼翼地爬出洞口，向外张望了一下，一下子就看到了蝉。多么肥美的食物啊！我看到它激动得触角直颤抖。它猛地扑向蝉，将它拖到漏斗里。下部很小，蝉无法动弹，大头黑步甲却可以在下面为所欲为。蝉的头朝下，身子被陷在漏斗里，只能做徒劳的挣扎。一会儿它就不动了，因为大头黑步甲已经在下面割断了它的喉咙，很快它就要被残暴的杀手给肢解了。洞口下面的工作完毕，蝉已经彻底失去了反抗能力，大头黑步甲再爬上漏斗，将这个庞大的美味彻底运回洞里，它要在自己家里安安静静地享受这顿盛宴。

为了防止不速之客的打扰，它用堆积在井口的沙丘填上洞口，封锁起大门，总之，做好了一切预防措施，然后才回到下面的餐桌上就餐，不到食物吃完，它绝不起身，也不再修饰它漏斗形状的居室，直到饥饿再次来临。

如此精妙的防御设备，又是那么大胆的作风，大头黑步甲还有什么值得畏惧的呢？我相信不管多么恐怖的敌人也不会将它吓得使用装死这样懦弱的伎俩，它从来不屑于这样。

狼蛛外传

狼蛛

狼蛛年轻的时候，穿着一身灰色服装，但却没有成年狼蛛才有的黑丝绒围裙。“浪子”这个词常被用来形容年轻人，年轻的狼蛛似乎也可以担当这个称号，它总是在草地上四处流浪。一旦发现可口的猎物，就在后面紧追不舍。猎物急得想要飞起来，刚做出要起飞的动作，狼蛛就垂直向上一跳，将它逮住了，动作敏捷，漂亮。即使猎物已经飞到五六厘米高的地方，它也能纵身一跃，腾空而起，将仓皇出逃的猎物给抓住。它的勇猛与狼多么相似，于是这个年轻的猎人被称为“狼蛛”。

秋天，生育的时节到了，狼蛛换上黑丝绒围裙，努力将自己装扮成一个妈妈的样子。再加上腹中有卵，所以狼蛛从此就结束了四处流浪的“浪子时代”，不再动不动就蹦起来。到了十月份，卵马上就要出生了，它就为自己挖了一个固定的窝，定居下来，从此深居简出，终日躲在窝口聆听上面的动静，一听到苍蝇嗡嗡的声音，就马上冲出来捕捉。

狼蛛的寿命较长，能有四五年之久。狼蛛母亲一直陪着自己的孩子，等小狼蛛长大成人离家后依然身体健康，能吃能睡，能结婚，然后再生一窝小狼蛛，重新将自己的洞加深、扩大。

洞口比较粗的，有瓶颈大小，这是老狼蛛的洞穴；有的洞穴只有粗铅笔那么粗，这是年轻母亲的洞穴。至于洞穴的建造，以前我曾经讲过，这里不再重复。我在实验室里模仿着狼蛛的巢穴，用芦竹为它做了一个洞穴，将捕获的狼蛛放进去，开始实验。

我知道将蟋蟀从它野外的洞穴中挖出来，放进一个罩子里时，它就不再造房子，而去抢别人的房子。这不是因为它懒或者不会造房子，而是因为造房子的阶段已经过去，它不知道重新造一座，只能让自己露宿在外，这是本能告诉它的。

狼蛛的一生应该只造一次窝，后来都是对第一次造的窝进行挖深、扩大，所以老狼蛛的窝就更大一些。如果我将一只已造好窝的狼蛛取出来，它还会造窝吗？我将它放到泥土的表面，没给它留任何洞穴。如果它够聪明的话，就会马上在泥土上挖一个大洞，重新造一个窝。

结果我又看到：几个星期过去了，它待在那里什么也没做，显然它不喜欢在外露宿，显得很苦恼，我喂它蝗虫，它也不吃，最后竟然死了。它是饿死的吗？我倒觉得它是笨死的！稍微动一下脑子，它就该想到重新造一个洞穴，它的体力足够让它这么做，可本能告诉它造房子的阶段已经过去了，它不明白为什么自己没有房子住，没有房子，接下来它就不知道该干吗了，手足无措，就这样窝囊地死去了。

相反，如果我为它们提供一个已经挖好的洞穴——哪怕只有两厘米深，它们马上就钻进去，顽强地将洞挖深、扩大，直到得到一个满意的新家。

由此可见，无论什么昆虫，它们都固执地听从自己的本能，做完的事绝不再重复，程序绝不会倒退，只会往前走。如果程序中断，它们就不知所措，石蜂会选择抢夺别人的家，而狼蛛会选择等死，这就是本能所带来的后果。

背着孩子去流浪

狼蛛的卵被装在一个小盆子里，狼蛛母亲会将盆子封锁，做成一个简单易携带的卵袋，然后将这个袋子系在身上，拖在身上晃来晃去的，走到哪里就带到哪里。它会拖着这个奇怪又碍事的包袱，一直到小狼蛛孵化。如果卵袋不小心脱落了，它会马上将它捡起来重新系好。

狼蛛做了母亲之后就不大喜欢出门了，但有时它在洞里等一天也等不到一只过路的小昆虫，所以不得已它也出洞去捕捉猎物，但身上仍然系着那个卵袋。不过冒险出征有时也不仅仅为了捕食，它的卵袋还需要一个更大的球形卵袋包着，洞穴里太窄了，无法完成编织任务，只有到露天区域去编织。

八月底之前，我总是看到在外面游荡的雌狼蛛，这是一个动人的场面。它总是与自己的宝贝卵袋形影不离，无论在睡觉时还是在捕猎时，它总是将卵袋看得紧紧的。如果我试图从它身上夺走这个卵袋，它会拼命将卵袋贴在胸前，死命地抓着我的镊子不放，伸出那个吓人的毒牙去咬。我都能听到牙尖与镊子的摩擦声，听起来怪吓人的。幸好是用镊子去抢，如果用手直接去拿，我真要准备为我受伤的手看医生了。

我强行用镊子抢走了一个狼蛛母亲的卵袋，然后将另一个狼蛛母亲的卵袋扔给它，它赶紧抓住了，然后将卵袋系在自己身上。它才不管卵袋里是否是自己的孩子呢，只要身上有一个袋子就行了，这就是昆虫的思维。看着它

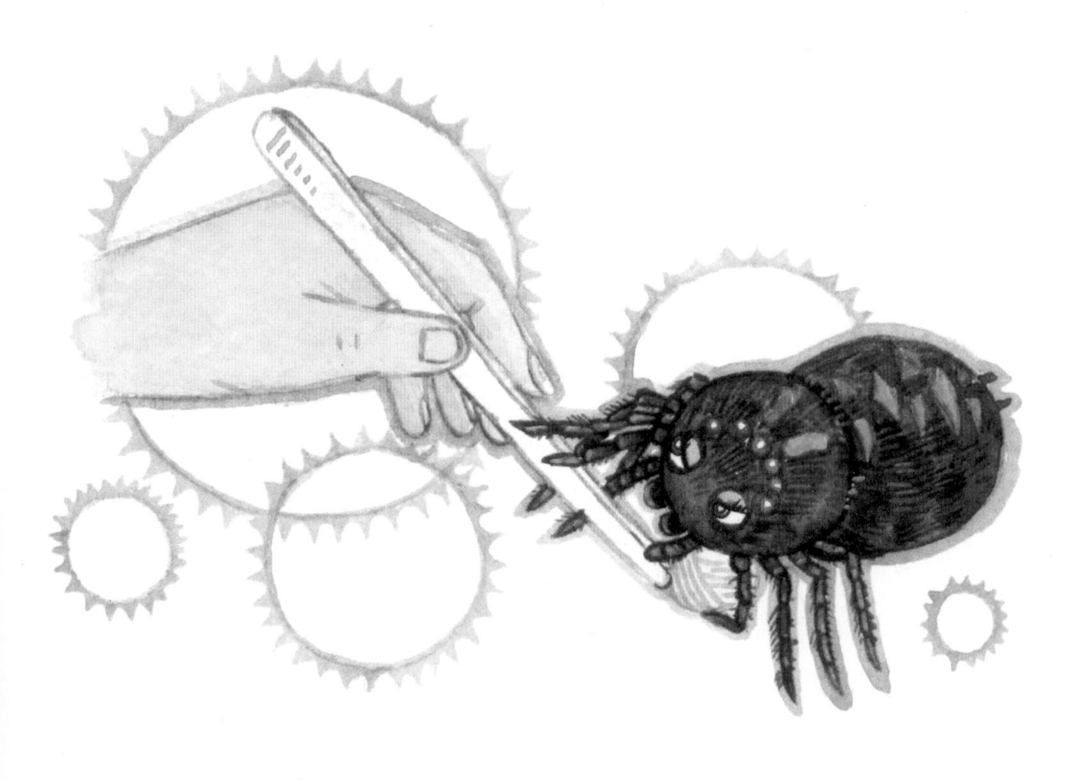

得意洋洋地拖着不是自己的卵袋走了，我真为它感到悲哀。

我再次抢走狼蛛母亲的卵袋，然后将圆网蛛母亲的卵袋扔给它。圆网蛛的卵袋是圆锥体，狼蛛的是球体，狼蛛妈妈竟然没有分辨出这一点，依然得意洋洋地接过别人的卵袋，系在自己身上。不过我的恶作剧最终会被狼蛛母亲发现，因为小狼蛛孵化得早，圆网蛛孵化得晚，狼蛛母亲发现袋子里的孩子到了孵化的时候仍然不肯出来，就会毫不留情地扔掉。

不过这仍然不能说明狼蛛母亲是聪明的，我反而有办法证明它是一个蠢货。我再次抢走狼蛛的卵袋，丢给它一块体积大小相当的软木。软木与

卵袋实在有天壤之别，可狼蛛母亲依然不假思索地接受了，它睁着八只宝石一般明亮的单眼爱恋地看着软木，好像看自己的孩子一样，还不停地用触须去抚摸呢！然后它像以往一样，将软木系在身上，雄赳赳气昂昂地到处流浪去了。

我再次抢走狼蛛的卵袋，将它和软木放在一起，看看它会选择哪一个。结果这个蠢货只顾抢，根本不看对象，先抓到哪个，就将哪个系在身上。如果我将卵袋和好几块软木并排放在一起，它偶然抓到卵袋的概率就降低得更低了。

也许因为软木太软了，触感跟卵袋差不多，狼蛛母亲才会搞错吧！于是我又用线缠了一些小球，又揉了一些小纸团，将卵袋、线球和纸团放在一起，狼蛛母亲依然不加区分地乱抓，先抓到哪个就将哪个系在身上。后来我又改变线团的颜色，结果依然如此，狼蛛会将线团当宝贝一样小心翼翼地呵护着。

这是一个十足的蠢货，我懒得再理它了。

无私的母爱

狼蛛母亲虽然不太聪明，但不可否认，它是一个称职的母亲。这一点从卵袋不离身就可以看出来。虽然带着卵袋流浪很不方便，可它依然不放心将孩子单独放在家。我曾经看到过更动人的一幕。

秋日的阳光虽然不够暖和，可依然是很舒适的，趴在洞口美美地晒着太阳，做个好梦，这是再惬意不过的了。以前狼蛛还没当母亲的时候，就经常让自己的上半身伸出洞口，下半身和大肚子藏在洞里，这就是它享受日光浴的样子。

可现在卵已经被产在卵袋里了，它得时时处处想着孩子，因此它选择了一个奇怪的晒日光浴的方式：用后足撑着，将下半身露在外面晒太阳，卵袋就在洞外，而它的头及上半身就倒立在洞里。谁见过这样头朝下的晒太阳方式？一切为了孩子嘛！它会不时地转动卵袋，确保卵袋每个方向都能享受到太阳光的温暖。这个姿势，它能保持半天，如果天气好的话，每天如此，直到四周之后小狼蛛孵化。

鸟儿为了使幼儿快速孵化，会将鸟蛋放在自己的胸口下面，用胸口丰厚的毛来温暖鸟蛋。狼蛛没有暖和的毛，就将太阳光作为孵化器，虽然这个姿势很辛苦，但它心甘情愿。

动物界这样感人的事迹还有很多，狼蛛的近亲金钱蟹蛛也是这样的，这里也顺便介绍一下。金钱蟹蛛是一种漂亮的蜘蛛，但是不会织网，平常将自己藏在角落里，猎物过来时就冷不防地捕获。由于它走起路来像螃蟹一样横行，所以有了这样一个称号。

我曾见金钱蟹蛛在女贞树上筑了一个窝，窝的天花板是丝和花做的，像个小亭子，金钱蟹蛛产卵之后，就一动不动地待在这个小亭子里。它也为自己织了一个白色的丝绸袋，这也是专门放卵的，袋子口有一个丝做的盖子。自从它当了母亲之后，明显瘦了，原本鼓鼓的肚子也瘪下去了。但身体的瘦弱并不影响它的护卫能力，只要听到动静，它立刻就会冲出窝，张牙舞爪地恐吓对方，将敌人吓走之后，再重新返回自己花丛中的香闺。

金钱蟹蛛终日待着不无聊吗？不饿吗？我不知道，但我知道它这样做就是为了看护孩子，像粪金龟照顾自己的粪蛋一样照顾着自己的孩子。如果不是卵享受着太阳光的照耀，我真以为它一动不动地待在这里，就是为了学母鸡孵小鸡呢！

三周之后，由于不吃不喝不休息，金钱蟹蛛更虚弱了，身体更干瘪了，但它依然坚定地待在那里。又过了一段时间，小金钱蟹蛛孵化了，它们调皮地跑出来，抓着一根根细枝荡秋千，像杂技演员一样踩着丝线戏耍。几天之后，它们的身体更强壮了一些，便各奔东西了。而它们的妈妈呢？金钱蟹蛛妈妈此时依然保持着那个看护的姿势，一动也不动——其实它早已经死了，却保持着这个看守的姿势，警告那些过往的小飞虫不要太放肆。这样宁可自己饿死也要看护孩子的母亲，真是太令人敬佩了，母鸡可做不到这一点！

放肆的小狼蛛

九月上旬，小狼蛛们出生了。与别的昆虫不同，它们一出生就爬到母亲的背上，紧紧抓着母亲就一动不动了。一只狼蛛母亲可能有好几百个孩子，所有的孩子都爬到它身上，大家紧紧地挨在一起，好像为母亲编织了一个斗篷一样，你已经看不出狼蛛母亲的本来面目了。如果母亲的背部没有地方了，小狼蛛们就叠罗汉一样一层贴着一层爬上去，我曾见过一只狼蛛母亲身上趴了三层孩子。小狼蛛们挤在一起虽然很不舒服，但谁也不抱怨，也不吵架，它们只是趴在母亲背上一动不动，母亲走到哪儿，就将它们背到哪儿。

由于母亲经常活动，小狼蛛们难免有时没抓牢，一不小心掉下来。但是母亲一点儿也不用担心，也不会蹲下来将孩子放到自己的背上，一切都要靠小狼蛛自己努力。它们会一声不吭地爬起来，拍拍身上的灰尘，然后抓住母亲的腿，重新爬到母亲的背上。我好奇，也无聊，就一次次用一只毛笔将母亲背上的小狼蛛给扫掉，母亲每次都无动于衷，一点担忧的神情都没有，也

不低头寻找，每次都是小狼蛛自己重新爬回到母亲的背上。

我又用毛笔将几只狼蛛的孩子扫到另一只狼蛛母亲的附近，落下来的小狼蛛立刻又站了起来，迅速爬到离自己最近的狼蛛背上，不管那是不是自己

的母亲。而那位母亲，也宽容地接待了养子，任凭它抓着自己的腿往上爬。我曾有一次恶作剧，将三只狼蛛的孩子扫到一只狼蛛母亲附近，结果掉下来的小狼蛛全部爬到这位母亲身上，大家层层叠叠地堆积在一起，不时有一只被挤掉下来，但它很快又爬上去。这位狼蛛母亲已经严重超载，但它仍然不发脾气，毫无怨言，像一只慢慢挪动的刺猬。总之，不管我扫落掉多少只小狼蛛，它们都会爬到最近的狼蛛母亲背上，那只狼蛛母亲慈爱地接受了所有投靠自己的别人家的孩子，而且全都视如己出。

我将两只背负着孩子的狼蛛放到同一只笼子里。蜘蛛们是不喜欢同

居的，家里除了自己，就只能有猎物。因此，我看到它们两个开始争吵，各自虎视眈眈地看着对方，一会儿，它们就打起来了。最终强者战胜了弱者，一只狼蛛母亲被打败了，它被胜利者毫不留情地吃掉了。战败者的孩子怎么办？小狼蛛并没有沉浸在失去母亲的悲伤里，心里也不会有阴影，它们像以往一样，迅速爬到那只杀害了母亲的狼蛛身上，在这个凶手背上安顿了下来。那个凶手，并不担心对方的孩子会寻仇，不但没有斩草除根，反而像对待自己的孩子一样将它们背在背上。在此后的数月里，只要小狼蛛还没有成熟到离开家的程度，杀人凶手和仇敌的孩子就像真正的母子一样，和谐地生活在一起。

但小狼蛛也并非总是这么幸运，有一次我将它们扫落到一只圆网蛛附近，它们像以往一样马上抱着蜘蛛的腿，试图爬到圆网蛛的背上。可是圆网蛛不喜欢这么放肆的行为，它烦恼地抖抖自己的腿，将小狼蛛抖落下来。可是顽固的小狼蛛依然坚持不懈地往它身上爬，圆网蛛被它们弄得很烦躁，干脆在地上打起滚来，很多小狼蛛被压死，被弄断了腿，但其余的小狼蛛依然往它身上爬。圆网蛛只得不停地抖动、打滚，直到所有的小狼蛛都被它弄伤了，没力气再爬了，圆网蛛这才逃脱了。

小贴士：攀高及疏散

在小狼蛛出生后的三个月里，母亲就背着它们到处流浪，或者晒太阳。小狼蛛们就一边跟着母亲见世面，一边努力让自己快快长大，变得更强壮一些。终于有一天，它们觉得自己足够大了，不好意思再跟着母亲混日子了，便挥挥手告别母亲，准备去闯世界。

随狼蛛妈妈一起被我罩在网罩里的一批批小狼蛛在地上快速走一阵就攀上了网纱，它们穿过网眼，爬到圆顶上，尽力让自己待在最高处。所有的小狼蛛都这样，全部往网罩顶端爬。我在网罩上竖起一根小树枝，一群小狼蛛赶紧爬上去，都想占据最高点。它们在顶点拉了几根丝，做成几个吊桥，其他小狼蛛又沿着吊桥向上爬。我将一根三米长的芦竹绑到细树枝上，小狼蛛面前的建筑物更高了，它们对我所做的一切非常满意，纷纷向芦竹的顶端进发，有的爬到了顶端，拉了一根更长的丝；有的还荡在半空中；有的则干脆沿着别人的丝往上爬。总之，它们用丝线造了一个个“钢丝桥”。如果站在背光的地方观察，我连这些丝都看不到，只看到小狼蛛们在空中跳芭蕾舞。一阵风吹来，顶端的丝被扯断了，丝线在空中飞舞，小小的芭蕾舞演员就随着吹动的丝飘动，如果顺风的话，它们可能会被带到很远的地方。

在两周之内，一批又一批的小狼蛛就是通过这种方式离开了它们的母亲，它们根本不知道自己将飘向何处，也根本不可能回来探望母亲。而母亲似乎也并未因为离别而感伤，它体态丰满，气色很好，再生一堆小狼蛛也不成问题。

令我惊奇的是那些小狼蛛。狼蛛通常生活在草丛中，这些小家伙那么热情地往高处爬是为什么呢？而且蜘蛛家族中都有这个传统，我曾为冠冕蛛准备了两根五米高的竹竿，小冠冕蛛们竟然花费了四天的时间爬到了竹竿的顶点，直到再无处可攀登了才停止。小圆网蛛也是如此。它们天天生活在低草丛中，为什么喜欢攀高呢？更奇怪的是，我用成年狼蛛做实验，它却不懂得往高处爬，好像爬高是小蜘蛛们的专利。

我隐隐约约地想到了小蜘蛛们这样做的目的：爬得高，看得远，丝带就

可以带着它们四处飘荡，这就好像我们的飞行工具热气球一样，小蜘蛛们的飞行工具就是悬挂在高处的丝线。

五月份，我在荒石园里的一棵丝兰上发现了小圆网蛛正在举行飞行仪式。它们爬上花茎的顶端，将丝线挂在那里，然后又下来。一阵风吹来，丝线断了，它们一只只抓着自己的丝线，猛然一跃，“飞”起来了，很快就消失在我的视野中。这个过程我看得不是太清楚，我打算模仿这里的条件，将它们搬到实验室里。

实验室里的结果告诉我，一部分蜘蛛，如狼蛛和圆网蛛，是靠攀高离开出生地的，正如我们刚才所看到的那样，爬得高高的，在风的作用下四处飘散。如果空气中没有气流，没有风，它们就达不到迁徙的目的地，只能老老实实等着。如果它们一直爬到天花板上而没及时飘出去，就会被饿死。

图书在版编目（CIP）数据

歌唱家与杀手：蟋蟀、蝗虫、蝎子 /（法）法布尔（Fabre, J. H.）原著；胡延东编译. — 天津：天津科技翻译出版有限公司, 2015.7
（昆虫记）
ISBN 978-7-5433-3500-4

Ⅰ. ①歌… Ⅱ. ①法… ②胡… Ⅲ. ①蟋蟀－普及读物 ②蝗科－普及读物 ③蝎目－普及读物 Ⅳ. ①Q969.26 ②Q959.226-49

中国版本图书馆 CIP 数据核字（2015）第 103978 号

出　　版：天津科技翻译出版有限公司
出 版 人：刘 庆
地　　址：天津市南开区白堤路 244 号
邮政编码：300192
电　　话：（022）87894896
传　　真：（022）87895650
网　　址：www.tsttpc.com
印　　刷：三河市兴国印务有限公司
发　　行：全国新华书店
版本记录：787 × 1092　16开本　8印张　160千字
2015年 7 月第1版　2015年 7 月第 1 次印刷
定价：23.80元

（如发现印装问题，可与出版社调换）